地下水脆弱性评价导则研究

唐蕴　唐克旺　高爽　著

U0237851

中国水利水电出版社
www.waterpub.com.cn
·北京·

内 容 提 要

本书系统介绍了国内外地下水脆弱性评价相关研究成果，对分区评价模型、评价指标、评价标准、适用范围、存在问题等方面进行了评述和分区案例分析，提出了水量脆弱性与水质防污性综合考虑的地下水脆弱性评价导则草案。

本书可供从事地下水保护与管理工作的相关科研人员、技术人员、管理者及学生参考。

图书在版编目（CIP）数据

地下水脆弱性评价导则研究 / 唐蕴，唐克旺，高爽
著. -- 北京：中国水利水电出版社，2017.11
ISBN 978-7-5170-6097-0

Ⅰ．①地… Ⅱ．①唐… ②唐… ③高… Ⅲ．①地下水
保护 Ⅳ．①P641.8

中国版本图书馆CIP数据核字(2017)第295120号

审图号：GS（2018）2703 号

书　　名	**地下水脆弱性评价导则研究** DIXIASHUI CUIRUOXING PINGJIA DAOZE YANJIU
作　　者	唐蕴　唐克旺　高爽　著
出版发行	中国水利水电出版社 （北京市海淀区玉渊潭南路 1 号 D 座　100038） 网址：www. waterpub. com. cn E - mail：sales@waterpub. com. cn 电话：（010）68367658（营销中心）
经　　售	北京科水图书销售中心（零售） 电话：（010）88383994、63202643、68545874 全国各地新华书店和相关出版物销售网点
排　　版	中国水利水电出版社微机排版中心
印　　刷	北京九州迅驰传媒文化有限公司
规　　格	184mm×260mm　16 开本　9.5 印张　225 千字
版　　次	2017 年 11 月第 1 版　2017 年 11 月第 1 次印刷
印　　数	001—600 册
定　　价	**48.00 元**

凡购买我社图书，如有缺页、倒页、脱页的，本社营销中心负责调换

前　言

　　水是生命之源、生产之要、生态之基。地下水作为水资源的重要组成部分，在应急供水和保障供水安全以及维系良好的生态环境方面发挥着十分重要的作用。自20世纪70年代以来，由于我国北方地区地表水减少和水污染加剧，我国地下水开发利用规模不断扩大。2010年全国地下水供水量较1972年增加了4.5倍，北方一些地区地下水供水量超过总供水量的50%，部分地区高达70%以上。优质的地下水已成为城市和农村生活、农田灌溉、工业生产等的重要供水水源。地下水具有多年调节功能，在特殊干旱年份或遭遇突发事件导致地表水供水减少或无法供水时，可提供应急供水，对保障应急供水时的生活饮水安全、生产供水安全，以及维护社会稳定和降低灾害损失具有极其重要的作用。此外，地下水在形成、转换和运移过程中，对维持地表植被生长、调节江河径流、维护良好生态环境也具有不可替代的作用。

　　近30年来，随着我国经济社会的快速发展，工业化和城市化进程不断加快，各类污染源对地下水水质构成严重威胁。据水利部全国水资源调查评价成果，197万km²的平原评价区中，不能直接饮用的超过60%，受人为污染影响的水质劣于Ⅲ类的面积超过25%。据国土及环保部门的相关调查，我国城市及周边地区、工业企业集聚区、农业化肥农药施用区都存在不同程度的地下水污染问题。淮河等流域甚至出现了癌症村现象。可以说，地下水水质恶化已经给我国人民群众的身体健康带来了严重危害，形势已相当严峻，相比地下水超采问题，地下水污染具有危害大、潜伏期长、治理极其艰巨等特点，这就决定了主动保护地下水的重大意义。

　　国家高度重视地下水的保护工作，2011年国务院批复实施了环保部、国土资源部、水利部等部门联合编制的《全国地下水污染防治规划（2011—2020年）》，提出"综合考虑地下水水文地质结构、脆弱性、污染状况、水资源禀赋及其使用功能和行政区划等因素，建立地下水污染防治区划体系，划定地下水污染治理区、防控区及一般保护区。"水利部正在编制的《全国水资源保护规划》也明确提出了地下水脆弱性评价的工作要求。从实际工作及研究基础上看，国内外很多学者先后进行了地下水脆弱性的研究，并在个别地区进行了脆弱性分区的实践，提出了很多的模型。地下水脆弱性评价对积极保护地下水有重要意义，也是落实全国相关规划要求的具体工作。目前，该领域的研究基础较好，有实践需求，但规范性技术导则方面还较弱，需要加大标准化研究力度。为此，科技部在科技基础性工作专项中列了"地下水脆弱性评价导则研究"项目（编号 2012FY130400），旨在在系统整理现有研究成果并选择典型地区进行示范应用的基础上，提出地下水脆弱性评价方面的技术标准草案，为地下水保护的标准化工作提供科技支撑。

本书收集、分析和整理了国内外文献及标准 200 多篇（部），进行了大量的野外调研考察，实施了两个案例区的示范研究，开展了多次专家咨询及讨论，与水资源管理和保护部门也进行了交流，在上述工作基础上，提出了项目报告及相关成果，并通过对项目研究成果的进一步总结和凝练编写了本书。

本书第 1、2 章由唐蕴、唐克旺撰写，第 3～6 章由唐蕴、高爽撰写，第 7、8 章由高爽、张川撰写，第 9 章由高爽、唐蕴撰写，第 10 章由张川、唐蕴撰写，附录 A 由唐蕴、唐克旺、高爽、张川撰写，全书由唐蕴统稿。本书的完成和出版得到了科技部科技基础性工作专项"地下水脆弱性评价导则研究"项目（编号 2012FY130400）和中国水利水电科学研究院重点科研专项"重点地区地下水水位控制性指标研究"项目（编号 WR0145B502016）的资助，在此表示感谢！

因时间和作者水平所限，书中疏漏和不足之处，恳请读者批评指正。

作者

2017 年 7 月

目　　录

第1章 国内外研究现状

1.1 国外研究现状

早期的地下水脆弱性评价与编图始于 20 世纪 60 年代中期的欧洲,到 70 年代期间,联邦德国、民主德国、捷克斯洛伐克、法国、西班牙、苏联、波兰和保加利亚等国家分别编制了小比例尺地下水脆弱性图,试图从国家和区域层次上了解地下水易于污染的地区,以便制定国家或区域的地下水保护政策。在 20 世纪 70—80 年代,为适应较小区域地下水保护的需要,开始转向编制中比例尺地下水脆弱性图。其中,法国地质调查局编制了 1:10 万、捷克斯洛伐克编制了 1:20 万的系列地下水脆弱性图,英国国家河流管理局编制了一系列 1:10 万的区域地下水固有脆弱性图,捷克斯洛伐克编制了 1:10 万的白垩盆地地下水脆弱性图。在 20 世纪 80—90 年代,世界上涌现出相当数量的大、中比例尺地下水脆弱性图。例如,意大利由 Civita 等在 1987 年通过国家研究委员会的研究计划,编制出版了 1:2.5 万和 1:5 万地下水污染脆弱性图;荷兰在 1987 年编制出版了 1:4 万的国家地下水污染脆弱性图;联邦德国由联邦地质科学研究所先后编制出版了 1:4 万和 1:1 万的地下水污染脆弱性图;民主德国在 1980—1985 年期间编制了 1:5 万的地下水脆弱性图;瑞典编制了 1:2.5 万的地下水脆弱性图;美国普遍使用了由 Aller 开发研制的 DRASTIC 方法评价含水层脆弱性,在俄克拉荷马州使用该方法对 12 个主要含水层开展了区域尺度的含水层污染脆弱性评价,在美国的得克萨斯州、怀俄明州、罗德岛、马萨诸塞州、威斯康星州、内布拉斯加州、特拉华州、南达科他州等地区也采用了类似的方法进行了含水层脆弱性填图。

为确保饮水安全,美国从 1996 年在《安全饮用水法案》(Safe Drinking Water Act, SDWA) 修正案中明确要求各州对水源地进行安全评价,其中包括脆弱性评价。在以色列、葡萄牙、南非、韩国等国家,水源地保护方面脆弱性评价也得到了广泛应用 (Vrba, 1994)。

2004 年 6 月 16—19 日,由国际水文地质学家协会 (IAH) 组织的"地下水脆弱性评价与编图"国际研讨会在波兰 Ustron 市举行,地下水脆弱性评价得到了广泛关注。

考虑地下水的治理与恢复,荷兰建立了大规模地下水监测网,对地下水脆弱性进行调查评价与编图,编制出版了相当数量且具有普遍代表性的大比例尺地下水脆弱性图。

总的来说,20 世纪 90 年代以前,地下水脆弱性评价主要侧重于水文地质本身的内部要素的地下水固有脆弱性方面。在 1987 年召开的土壤与地下水脆弱性国际会议以后,考虑人类活动造成的污染影响成为 20 世纪 90 年代以后世界地下水脆弱性评价研究的主流,一些国际组织和机构积极推动含水层脆弱性评价与编图工作。国际水文地质学家协会地下水保护委员会与联合国教科文组织合作,编制了《地下水脆弱性评价与编图指南》;美国水科学和技术理事会（WSTB）成立了地下水脆弱性评价技术委员会，开展了"地下水脆弱性评价：不确定性条件下的污染潜势"研究；作为欧洲共同体委员会（EEC）标准化地下水污染脆弱性编图的试点国家，葡萄牙于 1993 年编制出基于 DRASTIC 方法的 1∶5 万葡萄牙大陆地下水脆弱性图，后来，Loboferreir 等又编制了 1∶10 万葡萄牙中心海岸带地下水脆弱性图，在 1998—2003 年期间，葡萄牙投资 1000 万欧元用于开发 15 个河流盆地计划，葡萄牙国家岩土工程实验室（LNEC）承担了其中的地下水脆弱性编图的任务。

1.2　国内研究现状

国内关于地下水脆弱性的研究始于 20 世纪 90 年代中期。目前，国内研究大多局限于地下水的固有脆弱性评价研究。例如，刘淑芬根据地下水水位埋深、包气带黏土厚度以及含水层厚度，对河北平原的地下水防污性能进行了评价；杨庆等应用 DRASTIC 指标体系法对大连市的地下水易污性进行了评价；朱雪芹等应用 DRASTIC 方法开展了哈尔滨市地下水的易污性评价；雷静等（2003）选择了地下水埋深、降雨灌溉入渗补给量、土壤有机质含量、含水层累计砂层厚、地下水开采量和含水层渗透系数 6 个评价因子，通过数值模拟、主因子分析和 GIS 技术，应用改进的 DRASTIC 方法对唐山市平原区地下水脆弱性评价研究，并用地下水中硝酸盐浓度的实际观测数据对评价结果进行了验证。

我国在地下水脆弱性评价时考虑人类活动与污染源的影响的研究还不多见。郑西来等既考虑了包气带、含水层等水文地质内部特征，又考虑了污染源特征，对西安市潜水的特殊脆弱性进行了评价。

目前侧重于较湿润地区的地下水对污染的脆弱性研究，干旱区地下水脆弱性研究则较少。干旱地区由于地下水形成条件及系统结构功能完全不同于湿润地区，地下水系统不稳定性机制主要表现在降水少，地下水的重复补给率高，地下水脆弱性不仅表现在污染方面，更表现在水资源的枯竭与生态环境恶化方面。因此，干旱区地下水脆弱性的概念、评价指标体系和评价方法完全不同于湿润地区。马金珠根据胁迫—应变理论，确定了河川径流中冰雪融水比重、地表径流入渗占地下水补给比例、地下水补给强度、地表水的引用率等 10 项指标进行定量评价，对干旱区塔里木盆地南缘地下水脆弱性评价进行了探索研究。

从评价方法来看，我国开展的地下水脆弱性评价研究多是按 DRASTIC 的思路，建立指标评价体系，使用专家知识确定各属性的评分体系和权重，应用 GIS 技术对属性图层进行叠加运算。我国一些学者在地下水脆弱性评价中探索使用模糊理论、数值模拟以及统计学方法。例如，雷静等使用了数值模拟方法确定每个参数的评分体系，并通过主因子分析多元统计的方法形成权重体系。这种将数值模拟与指标体系结合起来的做法，可以尽可能地克服因子评分过程中的主观性。陈守煜等在含水层脆弱性评价中建立了以语气算子比较法确定权重为基础的一套比较完整的模糊分析评价理论、模型和方法。这些探讨对于完善地下水脆弱性评价方法来说非常有意义。

尽管国内外现已对地下水脆弱性的研究有了一定程度的重视，并且做了大量的研究工作，取得了许多理论和实践成果，但是由于地下水系统的复杂性和人们认识的差异性，目前在地下水脆弱性的研究方面仍然存在诸多问题，主要表现在：①迄今为止仍没有一个明确统一的地下水脆弱性概念，人们对其内涵和外延的认识还存在着一定差异；②由于可获取的指标数据的数量和质量不够，并且缺乏对确定性和非确定性方面信息知识的表征方法，使现有的评价方法都具有非确定性；③目前对地下水脆弱性的定义及评价大多只侧重于水质方面，基本上不考虑水量因素。随着过量开采地下水所产生的一系列地下水环境负面效果问题的发生，这一矛盾越来越突出；④地下水脆弱性的编图原则和方法存在着差异，各地所编的脆弱性图缺乏统一性和可比性；⑤在地下水脆弱性评价中，评价指标体系的选取至关重要，由于影响地下水脆弱性的因素指标很多，其中有定性指标，也有定量指标，并且它们之间的关系也错综复杂，所以在确定评价指标体系时，如何解决以上问题以及定性指标的量化标准问题尚无较好的解决办法；⑥缺乏检验脆弱性评价有效性的方法，已有的许多方法都是用单一的统计方法或单一的过程模型方法进行评价，运用将过程模型与评价模型相耦合的评价方法寥寥无几。因此，制定地下水脆弱性评价导则可以进一步深入研究以上亟待解决的问题。

我国地形复杂，水文地质条件更是变化多样，因此，更有意义的地下水脆弱性评价应针对各地区地形、地貌、地质、水文地质条件（岩溶区、采矿区、垃圾填埋区、平原区、盆地区、湿地区以及干旱区和水源地等）以及地下水开采程度，采取合适、相应的评价方法，选择具有针对性的评价指标和参数，得出更有效的地下水脆弱性评价结果。

第2章 地下水脆弱性概念及分类

2.1 概念

地下水脆弱性是 1968 年由法国人 Margat 首次提出的。地下水脆弱性是指地下水环境对自然条件变化和人类活动影响的敏感程度,它反映了地下水环境的自我防护能力。

Vierhuff 等（1981）认为定义地下水脆弱性离不开以下两方面:①包气带的保护能力;②饱水带的净化能力。他们进一步提出定义地下水脆弱性应着重考虑含水层类型、含水层在水文地质循环中的位置、包气带性质这三个因素。

1987 年在荷兰举行的土壤与地下水脆弱性国际会议认为,地下水脆弱性指地下水对外界污染源的敏感性,是含水层的固有特性。地下水脆弱性对于不同污染物是不同的,因此评价脆弱性时可将污染源进行分类,如营养物质、有机物、重金属、病原体等。Foster（1987）也提出了类似观点。

Vrba（1994）将时间尺度引入到地下水脆弱性定义中,他认为地下水脆弱性相对人文历史时期来说是地下水系统的一个不变的本质特征,水文地质系统的脆弱性是该系统应对在时间和空间上影响其状态和特征的外部（自然和人类）冲击的能力。

美国国家研究委员会（1993）认为地下水脆弱性是污染物进入含水层上方一定位置后,到达地下水系统一个特定位置的可能性。地下水脆弱性不是一个绝对或可测量的属性,只是一个相对的指标。因此,所有的地下水都是具有脆弱性的。这个定义也是现在普遍公认的地下水脆弱性概念。

美国环境保护署 1993 年提出含水层敏感性（Aquifer Sensitivity）和含水层脆弱性（Aquifer Vulnerability）的概念,并认为含水层敏感性与土地利用、污染物特征无关,而含水层脆弱性则包括了特定的土地利用和污染物的特征。国际水文地质学家协会 1994 年出版的《地下水系统脆弱性编图指南》一书中给出的定义为:地下水脆弱性是地下水系统的固有属性,该属性依赖于地下水系统对人类或自然冲击的敏感性。

以上可以看出:许多学者都是从自身角度出发,给予“地下水脆弱性”不同角度的定义。总体来说,地下水脆弱性概念的发展可以以 1987 年为界分为两个阶段:

（1）1987 年以前,关于地下水脆弱性的定义是基于“一个地区的地下水相对于另一个地区对污染物更脆弱”这一想法提出来的,大都从水文地质要素出发。

（2）在 1987 年的土壤与地下水脆弱性国际会议上,来自各地的专家学者结合影响地下水脆弱性的内外因素,对地下水脆弱性有了新的认识,不少学者在考虑内部因素的同时,也考虑到了人类活动和污染源等外部因素对地下水脆弱性的影响。

2.2 分类

总体上，目前的研究中都倾向于美国国家研究委员会于 1993 年提出的将地下水脆弱性分为两类的主张：一类是本质脆弱性，即不考虑人类活动和污染源而只考虑水文地质自然因素的脆弱性；另一类是特殊脆弱性，即地下水对某一特定污染源或人类活动的脆弱性（Worrall，2002；Worrall，2005；Almasri，2008）。

与地下水脆弱性的概念相对应，地下水脆弱性的评价也分为本质脆弱性评价和特殊脆弱性评价。与本质脆弱性相对应的称为自然因素，与特殊脆弱性相对应的称为人为因素。自然因素指标主要包括地形、地貌、地质、水文地质条件以及与污染物运移有关的自然因子等；人为因素指标主要指可能引起地下水环境污染的各种行为因子。

2.2.1 地下水本质脆弱性

地下水本质脆弱性影响因素见表 2-1。

表 2-1　　　　　　　　　　　地下水本质脆弱性影响因素

主要因素	补给量	主要参数	净补给量、年降水量
		次要参数	蒸发量、蒸腾量、空气湿度
	土壤介质	主要参数	成分、结构、厚度、有机质含量、黏土矿物含量、透水性
		次要参数	阴离子交换容量、解吸与吸附能力、硫酸盐含量、体积密度、容水量、植物根系持水量、土壤的饱水能力
	包气带	主要参数	厚度、岩性、水运移时间
		次要参数	风化程度、透水性
	含水层	主要参数	岩性、孔隙度、导水系数、流向、地下水年龄与驻留时间
		次要参数	水的不可亲性、容水量、不透水性
次要因素	地形	主要参数	地面坡度变化
		次要参数	植物覆盖程度
	下伏含水层	主要参数	透水性、结构与构造、补给/排泄潜力
		次要参数	承压含水层和下伏含水层的参数是否一样
	与地表水、海水的联系	主要参数	入/出河流、岸边补给潜力、滨海地区咸淡水界面
		次要参数	—

1. 影响地下水本质脆弱性的主要因素

（1）补给量。补给量作为地下水本质脆弱性评价的主要赋值指标，通过野外调查、水均衡方法或遥感图像来计算。

（2）土壤介质。主要考虑土壤的成分、结构、厚度、有机质含量、黏土矿物含量和透水性等。

（3）包气带。包气带的特征和它的潜在吸附、降解能力对确定地下水脆弱性程度起决定性作用。

（4）含水层。主要考虑含水层的岩性、孔隙度、导水系数、流向、地下水年龄与驻留时间。

2. 影响地下水本质脆弱性的次要因素

次要因素包括地形、下伏含水层和与地表水、海水的联系。

2.2.2　地下水特殊脆弱性

特殊脆弱性是根据污染物对地下水系统的危害来评价的。主要包括的参数有污染物在非饱和带的运移时间、在含水层中的滞留时间以及相对于单一污染物性质的土—岩—地下水系统的稀释能力。地下水的特殊脆弱性评价主要是进行系统的污染风险评价。

地下水特殊脆弱性影响因素见表 2-2。

表 2-2　　　　　　　　　　　地下水特殊脆弱性影响因素

特殊脆弱性	主要因素	土地利用状态、人口密度，污染物在包气带中的运移时间、土壤和包气带的稀释和净化能力、含水层的降解能力、地下水的矿化度
	次要因素	污染物在含水层中的驻留时间、人工补给量、灌溉量、排水量、污染物的运移特征（分布、参数值）、滞留半衰周期

1. 影响地下水特殊脆弱性的主要因素

影响地下水特殊脆弱性涉及的主要因素是土地利用（人为作用）和人口密度。在人为影响下的农业、工业、居住区及天然状态下的林地、未开垦的草场、无人山区区域存在着重要的差异。人口越密、经济技术活动强度越大的地区，地下水遭受污染的可能性越大。

2. 影响地下水特殊脆弱性的次要因素

影响地下水特殊脆弱性的次要因素有污染物在含水层中的驻留时间、污染物的运移特征等。

第3章　地下水脆弱性评价指标体系

3.1　评价指标体系框架

3.1.1　指标体系的构建原则

地下水脆弱性评价的研究中，评价指标的选取和构建非常关键。应根据研究区的目的、范围、自然地理背景、地质、水文地质条件及人类活动等方面来选取评价指标，同时还要兼顾指标体系的可操作性和系统性。只有选择了合理的指标体系，才能根据各种模型或方法合理地评价地下水脆弱性。构建评价指标体系应遵循以下原则（张伟红，2007；周金龙，等，2009）。

（1）代表性原则。指标体系的建立一定要有科学的依据，各指标应能够直接反映地下水脆弱性特点和潜在影响因素，具有代表性，能够较客观和真实地反映地下水脆弱性的影响因素。选取的指标既要能反映地下水脆弱性的现状，也要能反映地下水脆弱性的发展趋势，应注重选择一些反映变化、趋势的指标（如土地利用），实现静态的现状和动态的进展相结合。

（2）系统性原则。所选取的各指标应相互联系、相互补充，充分揭示各影响因素与地下水脆弱性规律之间的内在联系。

（3）评价指标个数适中原则。所选指标不宜过多，以免增加不必要的工作量；但指标过少则无法全面反映地下水的脆弱性。指标体系并非越庞大越好，指标也并非越多栽好，要充分考虑到指标的可量化性及数据的可靠性，注意选择有代表性的综合性指标和主要指标。指标太多，也会冲淡主要指标的影响作用。指标经过加工和处理，必须简单、明了、明确，容易被人所理解，并具有较强的可比性、可测性，将需要与可能、理论与实际结合起来，使所选指标达到科学合理和简单实用的高度统一。

（4）易获得性原则。指标的设置应充分考虑数据容易获取，所选指标尽量能在以往传统地下水资源调查成果图件（如地下水埋深分区图、包气带岩性图）或现代地下水资源调查成果图件（遥感解译获得的土地利用现状图）中获得，以保证数据的准确性并能及时更新，使评价过程客观可靠。就流域尺度而言，土壤介质和含水介质类型这两项指标不易获得。

（5）相对独立性原则。选取指标必须明确含义，各指标含义不重叠。在较多备选指标的初选及其后的复选中，相关性考察和独立性分析都是进行指标筛选的重要手段。可根据典型地段获得的地下水脆弱性与相关指标的同步数据，计算各指标之间的相关系数，以各指标间的总体平均相关系数为标准，将相关性低的指标作为独立性指标，相关性高的指标作为相关性指标。再以尽量剔除相关性指标中重叠因素和追求指标的独立性为原则，对相关性指标进行合并，合并中优先保留同其他独立性指标重叠少且要素综合性强的指标。

（6）特殊性原则。由于不同的地区水文地质条件、环境条件和水文地质勘察程度存在差异，因此指标体系应该突出地域特征，因地域不同而不同。我国水文地质条件有其地域特色，有别于国外的水文地质条件，不可完全借鉴国外的评价指标。在美国等发达国家有比较完善的基础数据库系统，比较容易获得地下水脆弱性评价有关参数的相关资料和数据，而在我国许多地区并不具备这样的条件。

（7）易理解性原则。各指标评分及综合得分宜采用十分制或百分制，以便于决策者和公众等非专业人士理解。

3.1.2　指标体系

影响地下水脆弱性的各因素构成了地下水脆弱性的评价指标体系。要建立一个包含所有因素的模型来评价地下水脆弱性相当困难，在实际应用中是不可能和不现实的。指标越多，意味着需投入的工作量越大；有些指标（如土壤的成分、有机质含量、黏土矿物含量）在区域性评价中取值比较困难，可操作性较差；指标越多，指标之间的关系也就越复杂，容易造成指标之间相互关联或包容（如含水层的水动力传导系数与含水层岩性密切相关）；指标太多，也会冲淡主要指标的影响作用；精度不同的指标进行叠加时，最终结果的精度往往取决于低精度的指标。因此，应根据研究的目的、范围、研究区的自然地理背景、地质及水文地质条件以及污染与人类其他活动等方面来选取评价指标，同时还要兼顾指标体系的可操作性和系统性。建立一套客观、系统、易操作的指标体系是地下水脆弱性评价的关键。

3.2　地下水脆弱性评价指标权重确定方法

评价指标的相对权重反映了各个参数在地下水脆弱性中的影响大小，权重越大，表明该因子对地下水脆弱性的相对影响越大。评价因子权重的分配，直接影响到评价结果的合理性，是地下水脆弱性评价中的关键技术。目前，采用的权重确定方法有专家赋分法、主成分—因子分析法、层次分析法、灰色关联度法、神经网络法、熵权法、试算法等（周金龙，2010）。

3.2.1　专家赋分法

美国环境保护署提出的 DRASTIC 模型给出的因子权重见表 3-1。

表 3-1　　　　　　　　　　DRASTIC 模型因子权重（R C Gogu，A Dassargues）

参　数	正常权重	农药权重
地下水埋深	5	5
净补给量	4	4
含水层介质	3	3
土壤介质	2	5
地形坡度	1	3
包气带影响	5	4
力传导系数	3	2

3.2.2　主成分—因子分析法

多元统计分析中的主成分分析和因子分析方法在环境统计方面有不少成功的应用。将这两种方法结合起来的主成分—因子分析法可以应用于多变量的因子赋权研究。主成分—因子分析法的主要思想是：在所研究的全部原始变量中将有关信息集中起来，通过探讨相关矩阵的内部依赖结构，将多变量综合成少数彼此互不相关的主成分，以再现原始变量之间的关系，并通过因子荷载矩阵的轴正交或斜交旋转，进一步探索产生这些相关联系的内在原因。

雷静等（2003）在唐山市平原区地下水脆弱性评价中选取了 6 个评价指标：地下水埋深、降雨灌溉入渗补给量、土壤有机质含量、含水层累计砂层厚、地下水开采量和含水层渗透系数，用该方法得到 6 个指标的权重分别为 4、5、4、5、7、3。

孙丰英等（2006）在滹滏平原地下水脆弱性评价中选取了 6 个评价指标：地下水埋深、降雨灌溉入渗补给量、含水层渗透系数、土壤有机质含量、含水层累计砂层厚和地下水开采量，用主成分—因子分析法得到的权重分别为 4、5、3、4、5、7。

姚文峰等（2009）在海河流域平原区地下水脆弱性评价中选取 7 个评价指标：地面表层土壤类型、含水层岩性、含水层富水程度、浅层地下水埋深、降雨入渗补给模数、地下水开采系数、土壤有机质含量，用主成分—因子分析法得到的权重分别为 2、3、3、5、4、4、2。

3.2.3　层次分析法

层次分析法（AHP）是美国运筹学家 T L Satty 教授于 20 世纪 70 年代提出的一种适用于多方案或多目标的决策方法。其主要特征是合理地将定性与定量的决策结合起来，按照思维、心理的规律把决策过程层次化、数量化，具有适用性、简洁性、实用性、系统性的特点。该方法自 1982 年被介绍到我国以来，以其定性与定量相结合地处理各种决策因素的特点，以及其系统灵活简洁的优点，在我国社会经济各个领域内（如能源系统分析、城市规划、经济管理、科研评价等）迅速得到了广泛的重视和应用。

地卜水脆弱性评价中评价指标权重的确定方法分为定性分析和定量计算两种。在实际应用中，由于许多因素都是定性的，将所有评价指标全部定量化存在一定的困难，因此就需要一种可以把定性和定量指标进行有机结合的方法。

层次分析法采取的是先分解后综合的系统思想。首先了解需要达到的总目标；而后将问题分解成不同的组成因素，按照因素间的相互关系及隶属关系，把因素按不同层次聚集组合，形成一个多层分析结构模型。其中最高层是问题的总目标，最低层即为评价指标体系。

AHP 法将地下水脆弱性问题分解成三个层次：最上层为目标层，这一层次中只有一个元素，就是地下水脆弱性；中间层是因素层，这一层次包含为评价地下水脆弱性所涉及的因素；最下层是指标层，这一层次是指对因素层中每个因素所选择的指标，这些指标能够显著体现因素对地下水脆弱性的贡献（杨维等，2007a）。

1. 九标度法

传统的 AHP 法采用九标度法。在 DRASTIC 中，根据指标的相对重要性给 7 项指标赋予 1～5 大小不等的权重。但是，实际上影响地下水脆弱性的实际水文地质条件情况相当复杂，应根据实际水文地质条件，运用经验知识确定指标权重。《地下水脆弱性评价技术要求（GWI—D3）》中推荐采用方根法确定 7 项指标的权重。

（1）根据项目特点构建判断矩阵，矩阵中各元素为相对重要性标度，见表 3 - 2。

表 3 - 2　　　　　　　　　　评价指标相对重要性标度

指标	D	R	A	S	T	I	C
D	b_{11}	b_{12}	b_{13}	b_{14}	b_{15}	b_{16}	b_{17}
R	b_{21}	b_{22}	b_{23}	b_{24}	b_{25}	b_{26}	b_{27}
A	b_{31}	b_{32}	b_{33}	b_{34}	b_{35}	b_{36}	b_{37}
S	b_{41}	b_{42}	b_{43}	b_{44}	b_{45}	b_{46}	b_{47}
T	b_{51}	b_{52}	b_{53}	b_{54}	b_{55}	b_{56}	b_{57}
I	b_{61}	b_{62}	b_{63}	b_{64}	b_{65}	b_{66}	b_{67}
C	b_{71}	b_{72}	b_{73}	b_{74}	b_{75}	b_{76}	b_{77}

按各个指标的影响大小，把集合内的评判指标进行两两比较，并赋予一定的确定值，用 b_{ij} 表示 b_i 对 b_j 的重要性，采用九标度法，评判矩阵具有如下性质：

$$b_{ij} > 0$$
$$b_{ij} = 1/b_{ji}$$
$$i = j \text{ 时，} b_{ij} = 1$$

其取值见表 3 - 3。

（2）针对指标相互比较得到的判断矩阵，计算指标权重。这些权重反映了这些互相联系的指标的相对重要性。基本思路是求判断矩阵的最大特征值和特征向量（即指标的权重）。

表 3 - 3　　　　　　　　　　九 标 度 法 评 判 规 则

标度	含 义
1	表示两因素相比，因素 i 与因素 j 具有同样重要性
3	表示两因素相比，因素 i 比因素 j 稍微重要
5	表示两因素相比，因素 i 比因素 j 明显重要
7	表示两因素相比，因素 i 比因素 j 非常重要
9	表示两因素相比，因素 i 比因素 j 极端重要
2，4，6，8	上述两相邻因素判断的中值
倒数	i 与 j 比较时，则因素 j 与因素 i 比较的倒数 $b_{ij} = 1/b_{ji}$

2. 三标度法

左军（1988）提出用"重要""同样重要"及"不重要"的三标度法来判断同一层次各因素的相对重要程度，符合人们头脑中的实际标度系统。三标度的直接比较矩阵 $B = (b_{ij})_{n \times m}$ 为

$$b_{ij} = \begin{cases} 2, \text{因素 } i \text{ 比因素 } j \text{ 重要} \\ 1, \text{因素 } i \text{ 和因素 } j \text{ 同样重要} \\ 0, \text{因素 } i \text{ 没有因素 } j \text{ 重要} \end{cases} \tag{3-1}$$

三标度法确定 DRASTIC 模型指标权重的计算步骤（左海风等，2008）如下：

（1）构建地下水脆弱性评价指标体系。依据 DRSTIC 模型及《地下水污染地质调查评价规范》（DD 2008—01）制定的等级分量标准，可将地下水脆弱性评价指标体系划分为由目标层、准则层、决策层组成的层次结构（图 3-1），其中目标层包含 1 项元素，准则层包含 7 项元素，决策层包含 52 项元素。

（2）单层次判断矩阵的建立及一致性检验。按照上述三标度法的基本步骤，分别针对准则层的某因素，对决策层各因素两两比较，获得直接判断矩阵及间接判断矩阵，计算出决策层各评价因子的权重值及判断矩阵的最大特征值 λ_{max}、一致性指标 CI 和平均一致性指标 RI，最后求出随机一致性比值 CR，具体计算过程通过 Matlab 编程实现。一般情况下，当 $CR \leqslant 0.1$ 时，认为判断矩阵具有满意一致性；当 $CR > 0.1$ 时，认为判断矩阵一致性偏差太大，需要重新调整判断矩阵，直到满足 $CR \leqslant 0.1$ 为止。

（3）层次总排序及一致性检验在获得层次单排序具有满意一致性的基础上，同理计算得出 52 项决策层对目标层的层次总排序，各评价因子权重统计及一致性检验成果见表 3-4。

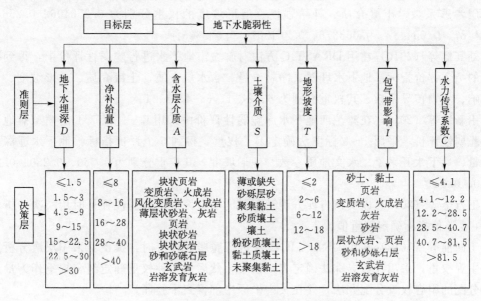

图 3-1 地下水脆弱性评价指标层次结构

表 3-4　　　　　　　　　　　DRASTIC 模型评价因子权重及一致性检验

评价指标	地下水埋深 D	净补给量 R	含水层介质 A	土壤介质 S	地形坡度 T	包气带影响 I	水力传导系数 C
权重	0.158	0.0936	0.1672	0.1889	0.0999	0.1797	0.1125
一致性检验	检验值 $\lambda_{max}=54$；$CI=0.06$；$RI=1.7068$；$CR=0.0352<0.1$						

在地下水脆弱性评价中用层次分析法确定评价因子权重的实例如下：

姜桂华（2002）根据层次分析法求得关中盆地地层岩性、地层结构、水位埋深、包气带垂向渗透系数、含水层导水系数、地下水补给模数、矿化度、地貌等指标的权重分别为 0.18、0.06、0.26、0.12、0.05、0.03、0.18、0.12。

杨桂芳等（2002）在我国西南岩溶地区建立地下水脆弱性模型时，采用层次分析法确定大气降水、地形地貌、植被覆盖、地表保护层、表层岩溶带、地表水系、饱水带富水程度、径流形式、排泄基准面相对高差、主要排泄方式的等评价指标权重。

陈浩等（2006）采用九标度的层次分析法确定了栾城县污灌区地下水脆弱性评价指标地下水位埋深、净补给量、含水层介质、土壤类型、包气带岩性、含水层导水系数和污水灌溉的权重分别为 5、3、2、5、3、1 和 3。

刘卫林等（2007）根据层次分析法计算得宁陵县一级评价指标土壤介质、包气带介质、含水层介质、水力坡度、补给强度、地面坡度、污染源、矿化度和地下水降深的权重分别为 0.076、0.318、0.160、0.036、0.160、0.018、0.160、0.032、0.040。

范琦等（2007）对河北省中部平原区的栾城进行地下水脆弱性分区时，先应用层次分析法将各评价参数重要性排序，再由方根法确定其权重，得到地下水埋深、净补给量、包气带介质类型、含水层组介质类型 4 个评价指标的权重分别为 0.32、0.25、0.26、0.17。

杨维等（2007b）依据 AHP 法获得评价指标包气带厚度、包气带介质、含水层介质、含水层渗透系数、土壤介质、补给强度、地形坡度的权重分别为 0.256406、0.256406、0.064487、0.064487、0.063376、0.261502、0.033335。

刘其鑫等（2010）在用 DRASTIC 方法对聊城市地下水进行脆弱性评价中，得到整数化后的 7 个评价指标：地下水埋深、净补给量、含水层介质、土壤介质、地形坡度、包气带影响、水力传导系数，其权重分别为 6、2、1、6、4、2、1。

王新敏等（2011）在滹沱河地下水库脆弱性评价中，用基于 DRECT 的模型对地下水进行脆弱性评价，采用 1～9 标度法确定因子权重，得到 5 个评价指标：地下水埋深、净补给量、地下水开采量、水文地质参数、地形坡度，其权重分别为 0.360、0.280、0.200、0.120、0.04。

王万金等（2012）以贵州省四方洞地下河为研究区进行脆弱性评价时用层次分析法对 6 个主要评价指标确定权重值。

于向前等（2012）在用 DRASTIC 方法进行脆弱性评价时，提出了采用层次分析方法确定主观权重，采用投影寻踪法确定客观权重，然后用两种权重确定组合权重作为最后的权重分配的组合权重分配方法，并在关中平原中部得到了验证。

王占辉等（2012）在用 DRASTIC 模型对邢台山前倾斜平原区孔隙水进行脆弱性评价时，用 1～5 标度法（表 3-5）得到各评价指标权重。

表 3-5　　　　　　　　　　　　　1～5 标度法含义说明

标度	含　义
1	两因素相比，具有同样重要性
2	两因素相比，其中一个稍微重要些
3	两因素相比，其中一个明显重要
4	两因素相比，其中一个非常重要
5	两因素相比，其中一个极端重要
倒数	若因素甲与因素乙相比的标度为 i，则乙比甲的标度为 $1/i$

张小凌等（2013）用 DRASTIC 模型对云南曲靖盆地进行地下水脆弱性评价时，采用层次分析法，用九标度法准则，先采用专家评分法分别构建准则层与指标层，再得到各评价指标权重。

戴元毅（2013）将模糊分析评价理论（AHP）及层次分析法引入地下水脆弱性评价中，运用 AHP 法确定权重，既考虑评价者的主观判断，又将评价对象的各种复杂因素用递阶层次结构表达出来，逐层进行评价分析，得到了在农药区和正常区的影响因子权重（表 3-6）。

表 3-6　　　　　　　　　　　基于 AHP 法确定的评价因子权重

评价指标		D	R	A	S	T	I	C
权重	正常区	0.3491	0.1483	0.0577	0.0238	0.0143	0.3491	0.0577
	农药区	0.3537	0.1076	0.0315	0.3537	0.0315	0.1076	0.0144

3.2.4　灰色关联度法

灰色关联度法又称为相关分析法。该方法是根据各评价指标与响应指标的相关性确定评价指标，计算权重，其计算过程为：设有 m 个与母因素（X_0）有一定关联作用的子因素（x_1，x_2，…，x_m），每个评价因子都有 N 个统计值，构成母序列和子序列，母序列 $\{x_0(i)\}$，$i=1$，2，…，m，子序列 $\{x_k(i)\}$，$i=1$，2，…，m，为了进行比较，将母序列和子序列进行标准化处理，使所有的值在 $0\sim1$。

$$X_k^1(i) = \frac{X_k(i) - \min(X_k)}{\max(X_k) - \min(X_k)} \tag{3-2}$$

式中：$X_k^1(i)$ 为标准化后的值；$\max(X_k)$ 为第 k 子序列中的最大值；$\min(X_k)$ 为第 k 子序列中的最小值。

经过标准化后的数列无量纲，则第 t 条子线在某一点 t 与母线在该点的距离为

$$\Delta_{0k} = |X_0(t) - X_k(t)| \tag{3-3}$$

可用该距离衡量它们在 t 处的关联性，Δ_{0k} 越小，子线与母线在 t 处的关联性越好，母序列、子序列在 $t=1$ 到 $t=N$ 的关联性用关联系数表示为

$$\xi_{0k}(i) = \frac{\Delta_{\min} + \xi\Delta_{\max}}{\Delta_{0k}(i) + \xi\Delta_{\max}} \tag{3-4}$$

式中：$\xi_{0k}(i)$ 为第 k 条子线与母线 X_0 在 i 点的关联系数，其值满足 $0 \leqslant \xi_{0k} \leqslant 1$，$\xi_{0k}$ 越接近 1，它们的关联性越好；$\Delta_{\max}$、$\Delta_{\min}$ 分别为 m 条子线在区间 $[1，N]$ 母线的距离 $\Delta_{0k}(i)$ 的最大值与最小值；ξ 为分辨系数，一般取 0.5。

则第 k 子线与母线在 $[1，N]$ 间的关联度为

$$r_{0k} = \frac{1}{N}\sum_{i=1}^{N}\xi_{0k}(i) \tag{3-5}$$

使关联度之和为 1，对关联度进行标准化，标准化后的关联度即可作为每个评价指标的权重，即

$$r'_{0k} = \frac{r_{0k}}{\sum_{k=1}^{m} r_{0k}} \tag{3-6}$$

在地下水脆弱性评价中，用该方法确定影响因子权重的应用实例如下：

严明疆等（2005）在进行石家庄市地下水脆弱性评价时，将地下水矿化度作为母序列，各评价指标作为子序列，求得各指标与矿化度的关联度即为各指标的权重，即开采模数 0.61、砂层厚度 0.60、导水系数 0.54、降雨补给量 0.63、水位埋深 0.57 和包气带岩性 0.58。

孙丰英等（2009）采用灰色系统理论中的灰色关联度分析方法对地下水脆弱性进行研究，用离差最大化方法确定评价指标的权重，评价结果在抚州市与人工神经网络结果进行比较，结果基本一致。

3.2.5　神经网络法

严明疆等（2008，2009）采用灰色关联度法与 BP 神经网络法确定滹滏平原地下水脆弱性评价指标的权重（表 3－7）。两种方法确定的权重经过标准化后，各指标权重排列顺序一致，通过对两种方法确定的权重的均方差和总体平均误差统计分析，均方差和总体平均误差分别是 0.00005 和 2.9%。说明通过灰色关联度和 BP 神经网络法确定的权重具有合理性，可以用于地下水脆弱性综合指数的计算。

表 3－7　　　　　　　　　基于灰色关联度法和 BP 神经网络法确定的评价指标权重

评价指标	权　重			平均权重
	灰色关联度		BP 神经网络标准化值	
	计算值	标准化值		
含水层砂层厚度	0.595	0.200	0.172	0.1860
降水补给量	0.634	0.213	0.222	0.2175
地下水埋深含水层水力	0.551	0.185	0.194	0.1895
传导系数	0.547	0.184	0.182	0.1830
包气带岩性	0.651	0.218	0.230	0.2240

3.2.6　熵权法

熵权法（刘仁涛，2007）根据熵的概念和性质，把多目标决策评价各待选方案的同有信息和决策者的经验判断的主观信息进行量化和综合，进而建立基于熵的多目标决策评价模型，为多目标决策提供依据。

在熵权法综合评价模型中，各项指标熵值反映了信息的无序化程度，可以用来度量信息量的大小。某项指标携带的信息越多，表示该指标对决策的作用越大；熵值越小，则系统无序度越小。因此可用信息熵评价所获信息的有序度及其效用，即由评价指标值构成的判断矩阵来确定各评价指标权重。标的权重由样本数据计算得到，消除了人为确定权重的主观误差。

刘仁涛等（2007）采用熵权法确定三江平原地下水脆弱性指标的权重分别为地下水埋深（D）0.1427、净补给量（R）0.1430、土壤介质类型（S）0.1427、含水层水力传导系数（C）0.1432、土地利用率（L）0.1427 和人口密度（P）0.1431。

孟宪萌等（2007）通过分析目前国内外地下水脆弱性评价中广泛采用的 DRASTIC 模型中存在的主要问题，将地下水脆弱性定义为模糊概念，以 DRASTIC 模型为基础建立模糊综合评判模型。在确定各评价指标的权重时，将信息论中的熵值理论引入该模型，运用信息熵所反映数据本身的效用值计算各评价指标的权重，使得权重的分配有了一定的理论依据。

3.2.7　试算法

邢立亭等（2007）为论证岩溶含水系统抗污染能力级别与实际条件的吻合程度，采用试算法确定评价指标的分级评分及权重，具体步骤如下：

（1）网格剖分与特征值选择。首先，将计算区剖分为 $500m \times 500m$ 的网格，然后取得每一个网格点的地形坡度、地下水埋深、土壤类型、包气带介质、隔水顶板埋深、富水性、隔水层岩性与厚度、水力梯度、含水层介质、补给量、水力传导系数、入渗系数等指标的特征值。

（2）给出各评价指标分级的初值。

（3）计算评价指标值。各网格点的指标值计算公式为

$$D_i = \sum_{i=1}^{m} a_i b_i \tag{3-7}$$

式中：D_i 为网格点的计算指标值，$1 < D_i < 10$，划分 5 个级别（$D_i \leqslant 2$、$2 < D_i \leqslant 4$、$4 < D_i \leqslant 6$、$6 < D_i \leqslant 8$、$D_i > 8$）；a_i 为各评价因子的权重，$\sum_{i=1}^{m} a_i = 1$，$a_i > 0.01$；b_i 为各评价因子的评分，$1 \leqslant b_i \leqslant 10$；$m$ 为评价指标个数。

（4）确定因子的评分与权重。根据 2001—2004 年的枯水期与丰水期水化学分析资料，采用实测浓度与背景值对比法，计算每一年度的地下水污染程度，并划分为微污染区、轻度污染区、中等污染区、较重污染区和严重污染区 5 级。对比由步骤（3）计算所得 D_i 的分级与地下水污染程度分区的吻合情况。若二者不相吻合，那么返回步骤（1），重新调整评价指标、评分值和权重值。通过多次反复调试计算获得评价指标的分级评分及权重。

最后确定的各评价指标权重分别为地下水埋深（D）0.20、净补给量（R）0.15、土壤介质类型（S）0.20、地形（T）0.05、包气带岩性（I）0.25、富水性（A）0.15。

第4章 地下水脆弱性评价方法

目前，国内外常用的地下水脆弱性评价方法主要分为四类，分别是迭置指数法（Overlay and Index Methods）、过程数学模拟法（Methods Employing Process - based Simulation Models）、统计方法（Statistical Methods）和模糊数学法（Fuzzy Mathematic Methods）等。这几种方法在应用上各有侧重范围，互有优缺点，见表 4 - 1。

表 4 - 1 　　　　　　　　　几种地下水脆弱性评价方法比较

方法	迭置指数法	过程数学模拟法	统计方法	模糊数学方法
性质	固有脆弱性或固有和特殊脆弱性的联合	特殊脆弱性	特殊脆弱性	固有脆弱性
对象	多数潜水、少数浅层承压水	土壤、包气带	潜水	潜水
范围	小比例尺（大范围）	大比例尺（小范围）	小比例尺（大范围）	小比例尺（大范围）
结果	定性、半定量或定量	定量	定量	定量
缺点	评价指标的分级标准和权重多靠经验获得，客观性和科学性较差	需要足够的地质数据和长系列污染物运移数据	需要足够的长系列的污染监测资料，在使用时应考虑可比性	人为构造隶属函数具有很大的随意性，计算繁琐
优点	指标数据比较容易获得，方法简单，易掌握	能描述影响地下水脆弱性的物理、化学和生物过程等	能描述地下水对某一污染物的脆弱性	通过隶属函数来描述非确定性参数及其指标

4.1　迭置指数法

迭置指数法是通过选取合适的评价参数及其分支参数进行叠加来评价地下水的脆弱性。这种方法是一种半定量、半定性的方法，适合小比例尺区域的浅层地下水评价，此方法又分为水文地质背景参数法（Hydrogeologic Cornplex and Setting Methods，HCS）和参数系统法（Parametric System Metbods）（R C Gogu，A Dassargues），具体如图 4 - 1 所示。

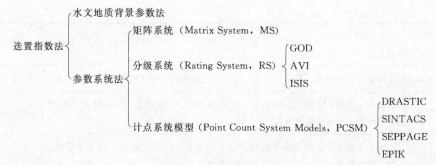

图 4-1 迭置指数法分类

水文地质背景参数法是通过与研究区有相似水文地质条件且脆弱性已知的地区做比较得出研究区脆弱性的方法。该方法为定性或半定量方法且需要计算多组比较方程求解,一般适用于水文地质条件较为复杂、资料较难获取的大范围研究区。

参数系统法是选取有代表性参数指标建立评价函数,并给每个评价参数设置合理的取值范围,然后将这个取值范围分段赋值,各赋值结果累加得到最终脆弱性值,将此值与标准参数系统对比,得出研究区地下水的脆弱性。此方法适于区域层次的地下水脆弱性评价,目前被广泛应用的 DRASTIC 法、AVI 法、SINTACS 法、SEEPAGE 法和 EPIK 法等均为此种方法。参数系统法的评价指标和权重来源于经验值,其科学性和客观性有待研究考证。参数系统法又包括矩阵系统(Matrix Systems,MS)、标定系统(Rating Systems,RS)和计点系统模型(Point Count System Models,PCSM)3 种方法(RC Gogu,A Dassargues)。MS 法以定性方式对研究区各单元的脆弱性进行评价,RS 法和 PCSM 法则以定量(数值化)方式进行评价。RS 法的综合指数是由各参数的评分值直接相加而得的,常见的评价模型有 GOD、AVI 和 ISIS;PCSM 法的综合指数是由各参数的评分值和各自赋权的乘积叠加得出的,又叫权重—评分法,常见的评价模型有 DRASTIC、SIN-TACS、SEEPAGE 和 EPIK 等。

国内学者提出的迭置指数法在经典的 DRASTIC 模型基础上,结合我国国情,针对不同地区的水文地质条件及相关环境状况,国内众多学者提出了 30 余种迭置指数法,见表 4-2。

表 4-2　　　　　　　　　　　国内主要叠置指数法评价模型

评价模型 或方法	评　价　指　标	资料来源
DAADCQ (承压水)	含水层埋深、隔水层介质、含水层介质、地下水位降幅、渗透系数、地下水水质	李立军,2007
DARMTICH	地下水埋深、含水层补给模数、含水层岩性、地下水环境、地形坡度、非饱和带岩性、含水层综合渗透系数及人类活动影响	张保祥,2006
DCAT	承压含水层埋深、水力传导系数、隔水顶板岩性、隔水层厚度	邢立亭等,2009
DITRQP	地下水埋深、包气带岩性、含水层砂层厚度、含水层补给强度、地下水水质现状、污染源	孙丰英等,2009

续表

评价模型 或方法	评 价 指 标	资料来源
DLCT（承压水）	承压含水层埋深、隔水层岩性、隔水层的连续性、隔水层厚度	钟佐燊，2005
DPASTIC	地下水埋深、降雨入渗补给量、含水层岩性、土壤类型、地形坡度、非饱和带介质、含水层渗透系数	孙爱荣等，2007
DRAMIC	地下水埋深、含水层净补给量、含水层岩性、含水层厚度、包气带岩性、污染物的影响	付素蓉等，2000
DRAMIP	地下水埋深、含水层富水性、含水层岩性、含水层厚度、包气带岩性、污染源的影响	刘香等，2007
DRAMTIC	降雨入渗补给量、地下水埋深、包气带介质、水力传导系数、含水层厚度、地下水开采强度、地形坡度	张泰丽，2006
DRAMTICH	地下水埋深、含水层补给模数、含水层岩性、地下水环境、地形坡度、非饱和带岩性、含水层导水系数、人类活动影响	张保祥等，2009
DRASCLP	地下水埋深、含水层净补给、含水层的介质类型、土壤介质类型、含水层水力传导系数、土地利用率、人口密度	刘仁涛，2007
DRASEC	水位埋深、净补给量、含水层砂层厚度、地下水开采强度、包气带影响、含水层导水系数	严明疆等，2005
DRASICP	地下水埋深、净补给量、含水层介质、土壤类型、包气带岩性、含水层导水系数、污水灌溉	陈浩等，2006
DRASTE	地下水埋深、降雨灌溉入渗补给量、含水层渗透系数、土壤有机质含量、含水层累计砂层厚、地下水开采量	孙丰英等，2006
DRASTIK	地下水埋深、含水层降雨入渗补给量、含水层介质、土壤介质、地形、包气带介质、渗透系数	范基姣等，2008
DRATMIC	地下水埋深、含水层净补给量、含水层岩性、地形坡度、含水层厚度、包气带岩性、渗透系数	李文文等，2009
DRAV	地下水埋深、含水层净补给量、含水层岩性、包气带岩性	周金龙等，2008
DRITC	地下水埋深、降雨补给量、包气带岩性、含水层砂层厚度、含水层水力传导系数	严明疆等，2008
DRPAVG	地下水埋深、净补给量、含水层富水性、含水层岩性、岩（土）介质、地貌因子	吴晓娟，2007
DRTA（潜水）	地下水埋深、包气带评分介质厚度、含水层厚度	钟佐燊，2005
DRTALGC （潜水）	地下水埋深、包气带评分介质厚度、含水层介质、距河距离、地形坡度、盖层	黄冠星等，2008
DRUA	含水层埋深、净补给量、包气带介质类型、含水层组介质类型	范琦等，2007
DSCTI	地下水埋深、地下水中固形物的含量、含水层厚度、包气带介质	张泰丽等，2007

评价模型 或方法	评 价 指 标	资料来源
EPIKSVLG	表层岩溶带发育强度、保护性盖层厚度、补给类型、岩溶网络系统发育程度、土壤类型、植被条件、土地利用程度、地下水开采程度	邹胜章等，2005
GRADIC	地下水类型、地下水的净补给量、含水层介质、地下水埋深、渗流区的影响、含水层渗透系数	张雪刚等，2009
GRADICL	地下水类型、地下水的净补给量、含水层介质、地下水埋深、渗流区的影响、含水层渗透系数、土地利用情况	张雪刚等，2009
IRRUDQELTS	冰川融水占径流比重、地下水补给强度、地下水重复补给率、地表水引用率、地下水开采率、潜水埋深小于 1m 的蒸发力、矿化度小于 1g/L 的面积比、潜水蒸发损失率、地下水位下降幅度、泉水衰减率	马金珠，2001
MEQU—DRASTIC	除 DRASTIC7 个指标外，增加地下水开采强度、潜水蒸发强度、地下水水质、土地利用	李立军，2007
MQL—DRASTIC	除 DRASTIC7 个指标外，增加地下水开采强度、地下水水质、土地利用类型	许传音，2009
REKST	岩石、表层岩溶、岩溶化程度、土壤层、地形	章程，2003
四指标法	潜水含水层渗透性、包气带自净能力、污染源的环境影响、地下水水质	郑西来等，1997
四指标法	包气带厚度、岩石透水性、地下水补给强度、地下水水力坡度	林山杉等，2000
四指标法	包气带黏性土层厚度、包气带厚度、含水层富水性、含水层纳污指数	周金龙等，2004
三指标法	包气带厚度、包气带黏性土层厚度、含水层厚度	郭永海等，1996
二元法（岩溶水）	覆盖层、径流特征	章程等，2007

以下对钟佐燊（2005）提出的方法作一简介。

1. 潜水防污性能评价模型——DRTA 模型

（1）设计思路及评价指标的选择。影响潜水污染的评价指标很多，在 DRASTIC 模型中的 7 个评价指标都不同程度地影响潜水的防污性能。但就实际情况而言，有些可以删去：补给量是大气降水入渗量和灌溉回归水量，很难取得评价点准确的数据，此外，补给量这个评价指标有两重性，补给量大可把更多的污染物带入地下水，同时它也会增强稀释能力，难以评分；在中国，很难取得土壤介质的详细资料，土壤实际上是包气带的一部分，所以与包气带介质合在一起更好；含水层介质和含水层渗透系数实际上是两个重复的评价指标，它主要影响污染物在含水层迁移的难易程度，并不影响污染物从地表进入地下水的难易程度，此外，它们也有两重性，介质颗粒粗或裂隙发育，对污染物的吸附能力差，污染物衰减能力也差，但渗透性好使水交替快，它会增加含水层的稀释能力，故难以评分。据此，补给量 R、土壤介质 S、含水层介质 A 和含水层渗透系数 C 宜删去。此外，含水层厚度的大小反映地下水稀释能力的强弱，应增加此因子。

综上所述，潜水防污性能评价宜选择以下 4 个评价指标：地下水埋深 D、包气带评分介质 R、包气带中评分介质厚度 T、含水层厚度 A。该模型称为 DRTA 模型。

（2）各类评价指标的描述。

1）地下水埋深 D。地下水埋深是对潜水防污性能影响最大的评价指标。埋深越大，污染物与介质接触的时间越长，污染物经历的各种反应（吸附、化学反应、生物降解等）越充分，衰减越显著，其防污性能也越好，反之则相反。

2）包气带评分介质 R。包气带介质也是对防污性能影响最明显的评价指标。包气带介质对防污性能的影响主要表现在其颗粒的粗细和裂隙发育程度上。如颗粒越细或裂隙越不发育，则污染物迁移慢，吸附容量大，污染物经历的各种反应（吸附、化学反应、生物降解等）充分，故其防污性能好，反之则相反。由于包气带常由多种介质组成，难以确定以哪种介质评分，此时，应选择防污性能最好且其厚度大于 1m 的介质进行评分。介质防污性能从好到差的排序如下：黏土、淤泥→亚黏土→亚砂土、泥岩→粉土、泥质页岩→粉砂、页岩→火成岩、变质岩→粉粒和黏粒多的砂砾石、细砂、砂岩、风化的火成岩和变质岩→裂隙溶隙少的灰岩、中粗砂→粉粒和黏粒少的砂砾石→玄武岩→岩溶发育的灰岩。

3）包气带评分介质的厚度 T。防污性能除与包气带介质类型有关外，还与其参与评分介质的厚度密切相关，厚度越大防污性能越好。

4）含水层厚度 A。选择含水层厚度作为评价指标主要考虑其稀释能力。一般来说，其稀释能力主要取决于含水层的富水性、给水度和厚度，但很难取得可靠的富水性和给水度数据，所以用厚度来代替。厚度越大稀释能力越强，反之则相反。

（3）各因子的权重值。按因子对防污性能影响大小给予权重值，影响最大的权重值为 5，最小的为 1。具体分配为：地下水埋深 D，5；包气带评分介质 R，5；包气带中评分介质的厚度 T，1；含水层厚度 A，2。

（4）各因子的评分。各因子的评分范围均为 1～10，防污性能越差分值越高，反之越低。

（5）防污性能指数计算方法及防污性能分级。防污性能指数 DI 的计算公式为

$$DI = 5D + 5R + T \cdot R + 2A \tag{4-1}$$

式中：T、R、D、A 分别为各因子的评分值。

考虑到包气带评分介质的厚度 T 的评分不但与厚度有关，也与包气带评分介质 R 的类型有关，不同介质相同厚度给同一个分值是不合理的，如 5m 的砂砾石和 5m 的黏土给同一个分值是不合理的。因此，T 的评分值除乘以权重外还乘以 R 的评分值。

DI 值的范围为 13～220。DI 值越高，防污性能越差；反之防污性能越好。防污性能共分 5 级：Ⅰ级，$DI < 70$，防污性能很好；Ⅱ级，$70 \leqslant DI < 90$，防污性能好；Ⅲ级，$90 \leqslant DI < 120$，防污性能中等；Ⅳ级，$120 \leqslant DI \leqslant 160$，防污性能差；Ⅴ级，$DI > 160$，防污性能很差。

2. 承压水防污性能评价模型——DLCT 模型

（1）设计思路及评价指标的选择。承压含水层一般不容易受污染，影响承压含水层防污性能的评价指标也相对比较简单。选择的评价指标有：承压含水层埋深 D，即该承压含水层隔水顶板埋深；隔水层岩性 L；隔水层的连续性 C；隔水层厚度 T。这个模型称为 DLCT 模型。选择这几个评价指标主要是考虑受污染潜水中的污染物向下迁移的难易程度，潜水的污染一般集中在上部，如果承压含水层埋深很大，就增加了污染潜水进入承压含水层的难度。隔水层岩性、隔水层的连续性和隔水层厚度这几个评价指标主要考虑污染潜水向下越流的问题，隔水层不连续，污染潜水很容易通过天窗越流进入承压含水层，隔

水层颗粒较粗或厚度较小,污染潜水就比较容易通过层间越流进入承压含水层。

(2)各评价指标的权重值。按评价指标对防污性能影响大小给予权重,影响最大的权重值为5,最小的为1。具体分配如下:承压含水层埋深 D,5;隔水层岩性 L,4;隔水层的连续性 C,4;隔水层厚度 T,1。

(3)各评价指标的评分。各评价指标的评分范围均为 $1\sim10$。防污性能越好分值越低,反之越高。

(4)防污性能指数计算方法及防污性能分级。防污性能指数 DI 的计算公式为

$$DI = 5D + 4L + 4C + T \tag{4-2}$$

式中:D、L、C、T 分别为各因子的评分值。

DI 值的范围为 $100\sim190$,DI 值越高,防污性能越差,反之防污性能越好。防污性能共分3级:Ⅰ级,$DI<120$,防污性能很好;Ⅱ级,$120\leqslant DI\leqslant160$,防污性能好;Ⅲ级,$DI>160$,防污性能中等。

4.2 过程模拟法

过程模拟法是在水文和污染物质运移模型的基础上建立脆弱性评价模型,将各评价因子定量化后代入模型求解,得到一个可以评价地下水脆弱性的综合指数。该方法最大的优点是可以从地下水的物理、化学、生物角度探究地下水的脆弱性,并可估算出污染物质的空间分布状况。虽然描述地下水及其污染物运移的模型较多,但是应用到脆弱性评价并与之紧密结合的模型还不多见。该类方法需要的参数较多,资料和数据的获取较为困难。

过程模拟方法既可以用于评价地下水本质脆弱性,也可以用于评价针对某种污染物的特殊脆弱性,一般应用在大比例尺(大于 $1:5$ 万)的区域(郇环等,2013)。

污染物由地表进入含水层的具体过程和反应如图4-2所示(姚文峰,2007)。

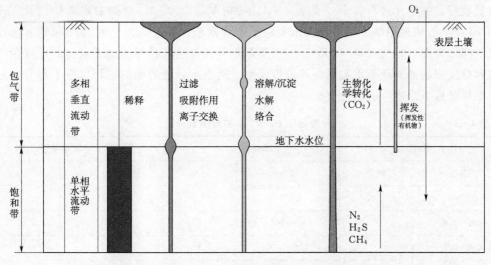

图 4-2 污染物由地表进入含水层的具体过程及反应示意图

注:线条的粗细表明这些过程在地下不同区域的相对重要性。

（1）过程模拟法模型。过程模拟法评价脆弱性可根据评价的需求选取不同的模型，如对流—弥散方程、化学反应模型等，典型的模型包括 SUTRA、LEACHP、GLEAMS、MODPATH 等。

（2）过程模拟法应用实例。对农药的防污性能评价一般用模拟模型，它主要根据有关反应动力学方程来进行研究（Schlosser 等，2002）。

时间—输入法（Kralik 等，2003）是一种基于欧洲法的评价地下水脆弱性的新方法，该方法尤其适用于山区。它的主要因子是水流从地表到地下的运移时间（占 60%）和降雨补给输入的量（占 40%）。研究者通过经验验证认为迁移时间的作用略大于降雨补给的影响。该方法与其他评价方法不同的是：迁移时间和补给量是实际的值，而不是量纲数值。这些时间值是由实际情况得出的，与其他方法相比具有一定的优势，而且评价结果的可靠性易于检验，评估过程更清楚（王松等，2008）。

Karimova（2003）利用有机氯农药在包气带中的迁移时间评价地下水脆弱性。

Zektser 等（2004）利用综合考虑物理化学过程的方法评价地下水脆弱性。

Nobre 等（2007）对巴西某市沿海含水层进行了脆弱性评价，研究中利用 MODFLOW 和 MODPATH 模型刻画了水井捕获区，评估了地下水污染风险。

Hinkle 等（2009）结合粒子跟踪和地球化学数据，评价公共供水井对砷和铀的脆弱性。

Neukum 等（2009）将地下水流数值模型应用于地下水脆弱性评价。

在国内，雷静（2002，2003）根据唐山市平原区的具体情况采用改进的 DRASTIC 模型，通过数值模拟和主成分—因子分析，对地下水脆弱性进行了评价。邢立亭等（2007）采用模块化三维有限差分地下水流动模型获得岩溶含水系统含水层补给量、水力传导系数、入渗系数等评价指标的定量化数据。张雪刚等（2009）采用 FEFLOW 地下水模型模拟获取了张集地区地下水脆弱性评价指标净补给量 R、地下水埋深 D、含水层渗透系数 C 的定量数据，并据此进行评分，见表 4-3。张树军等（2009）根据抽水试验以及 Visual MODFLOW 数值模拟结果，得出山东省济宁市含水层给水度、地下水埋深和地下水迁移速度空间分布图。姚文峰等（2009）应用了基于包气带过程模型的地下水脆弱性评价、基于饱和带过程模型的地下水脆弱性评价以及整个地下水系统的脆弱性评价三个部分，对唐山市平原区地下水进行脆弱性评价。

表 4-3　　　　　　　　　　评级指标 D、R、C 的分类及评分

地下水埋深 D		净补给 R		含水层渗透系数 C	
范围/m	评分	范围/mm	评分	范围/(m/d)	评分
0~1.5	10	0~51	10	0~4.1	1
1.5~4.6	9	51~102	9	4.1~12.2	2
4.6~9.1	7	102~178	5	12.2~28.5	4
9.1~15.2	5	178~254	3	28.5~40.7	6
15.2~22.9	3	>254	1	40.7~81.5	8

地下水埋深 D		净补给 R		含水层渗透系数 C	
22.9~30.5	2			>81.5	10
>30.5	1				

4.3 统计方法

统计方法是把已有的地下水污染状况信息和影响因素等资料进行数理统计，然后确定脆弱性评价指标并建立统计模型，把赋值的评价指标放入已建立的模型中进行计算，最后依据计算结果进行脆弱性分析。常用的统计方法包括线性回归分析法、克里金（Kriging）方法、逻辑回归（Logistic Regression）分析法、实证权重（Weight of Evidenee）法等统计方法。统计方法也用来对脆弱性评价中的不确定性因素进行分析。用统计方法进行脆弱性评价需要有足够的监测资料和信息做支撑，因此，目前此种方法在地下水脆弱性评价中的应用不如迭置指数法及过程数学模拟方法那样得到重视。

Rupert（2001）利用 $NO_3^- - N$ 和 $NO_2^- - N$ 的观测资料，用统计法对 DRASTIC 方法的评价结果进行了校正。Tesofiero 等（1997）用逻辑回归分析法研究了 NO_3^- 污染地下水脆弱性。钟佐燊（2005）针对地下水对氮的脆弱性设计了 LSD 统计学模型。

以下重点介绍 LSD 统计学模型。

（1）设计思路。LSD 统计学模型是针对地下水对氮的脆弱性设计的。第一步是收集研究区地下水 $NO_3^- + NO_2^-$ 浓度资料；第二步是确定影响因子；第三步用统计学法分析各个评价指标在不同条件下地下水 $NO_3^- + NO_2^-$ 浓度的差异性；第四步是确定各个评价指标在不同条件下的评分值。

（2）评价指标的确定。据该地区地下水 $NO_3^- + NO_2^-$ 的来源和氮污染情况，选择土地利用类型 L（Land Use）、土壤排水状况 S（Soil Drainage）、水位埋深 D（Depth to Water Table）等 3 个评价指标。故该模型称为 LSD 模型。

（3）评价指标条件的设置及评分（表 4-4）。①数理统计结果表明，城镇与灌溉农田之间及城镇、灌溉农田与其他土地利用类型（放牧地、非灌溉农田、森林）之间的地下水 $NO_3^- + NO_2^-$ 浓度有明显差异，放牧地、非灌溉农田、森林之间的地下水 $NO_3^- + NO_2^-$ 浓度无明显差异，从而设计出土地利用的评分；②数理统计结果表明，不同土壤排水状况的地下水 $NO_3^- + NO_2^-$ 浓度均有明显的差异，从而设计出不同土壤排水状况的评分；③数理统计结果表明，埋深 0~30.5m 和 30.5~91.4m 及 91.4~182.9m 和 182.9~274.3m 的地下水 $NO_3^- + NO_2^-$ 浓度没有明显差异，埋深 0~91.4m 和 91.4~274.3m 的地下水 $NO_3^- + NO_2^-$ 浓度有明显差异，从而设计出不同地下水埋深的评分。

（4）脆弱性指数计算方法和脆弱性分级。脆弱性指数按公式 $DI = L + S + D$ 计算，根据 DI 值把脆弱性分为 4 级：Ⅰ级，$DI = 4~5$，脆弱性低；Ⅱ级，$DI = 6$，脆弱性中等；Ⅲ级，$DI = 7$，脆弱性高；Ⅳ级，$DI = 8$，脆弱性很高。用已研究区地下水 $NO_3^- + NO_2^-$ 浓度对 LSD 模型脆弱性评价进行检验，结果发现，4 种等级的脆弱性地区的地下水 $NO_3^- +$

NO_2^- 浓度均有明显差异。这种模型能否推广到其他地区，仍需检验。

表 4 - 4　　　　　　　　　　　　　　LSD 各因子的类别和评分

土地利用类型 L		土壤排水状况 S		水位埋深 D	
利用类型	评分	排水状况	评分	埋深/m	评分
城镇	3	很好	4	0～91.4	2
灌溉农田	2	好	3	91.4～274.3	1
放牧地	1	中等	2		
非灌溉农田	1	差	1		
森林	1				

4.4　模糊数学法

模糊数学是研究现实世界中许多界限不分明甚至是很模糊的问题的数学工具。模糊数学法用来确定评价指标及其权重、各评价指标分级标准，在一定程度上减少了评价者主观因素的影响，可以更加准确地反映评价要素。

在地下水脆弱性评价中模糊数学法应用得也较普遍。模糊数学法是应用模糊变换原理和最大隶属度原则，考虑与地下水脆弱性相关的各个因素的综合影响，对受多个因素制约的地下水脆弱性作出综合评判。它是在确定评价指标、各评价指标的分级标准及评价指标权重的基础上，经过单参数模糊评判和模糊综合评判来划分地下水的脆弱性等级。由于地下水脆弱性的影响因素包括定性与定量、确定与不确定因素，所以用隶属度来刻画模糊界限的模糊综合评判法具有优势，具体表现在：考虑了评价指标的连续变化对地下水脆弱性的影响；既可以顾及评判对象的层次性，又可使评价标准和影响因素的模糊性得以体现，还可做到定性与定量因素相结合。

模糊综合评判数学模型的基本形式为

$$B = A \cdot O \cdot R \tag{4-3}$$

式中：B 为评价结果；A 为模糊综合评判因素的权重向量；R 为各评价控制点不同因素对不同等级的隶属度；O 为模糊复合运算关系。

隶属度 R 根据评价因素对应的各等级隶属函数求出。权重 A 根据各影响因素对地下水脆弱性的影响程度，并结合专家经验给出。

郭永海等（1996）用模糊数学法分析了地下水埋深、黏性土厚度和含水层厚度等三个参数对河北平原地下水脆弱性的影响。陈守煜等（1999，2002）将模糊数学概念引入到含水层脆弱性评价中，在 DRASTIC 模型的基础上将含水层脆弱性评价问题转化为多目标模糊优先问题，建立了模糊优先迭代评价模型。王国利等（2000）给出了 10 个级别 DRASTIC 的指标标准特征值和对含水层污染难易程度进行评价的 10 级语气算子，提出了确定含水层脆弱性评价指标权重的方法——语气算子比较法，从而形成了比较完整的含水层固有脆弱性模糊分析评价的理论、模型与方法。张立杰等（2001）应用模糊综合评判法对松嫩平原地下水脆弱性进行了评价与分区。姜桂华（2002）用模糊综合评判和模糊自组织迭代分析数据技术，研究了关中盆地地下水固有脆弱性和"三氮"污染的特殊脆弱性。李宝兰等（2009）采用 AHP 模糊综合评价模型评价辽宁省中南地区的地下水脆弱性。

4.5 其他方法

1. 神经网络模型（ANN）

ANN 是在现代神经科学研究成果的基础上，根据对人脑的组织结构、功能特征进行模仿而发展起来的一种新型信息处理系统和计算体系（陈守煜等，2000）。它属于高维非线性动力学系统范畴，可实现输入到输出之间的高度非线性映射，具有良好的自适应、自组织特征及较强的学习和容错能力，能通过学习人为给定的样本范例而获取知识（阎平凡等，2000）。ANN 的这些特征有助于消除或降低目前地下水脆弱性评价过程中不确定因素的影响，同时也预示了其在该领域中的应用前景（武强等，2006）。

李梅等（2007）建立了地下水脆弱性的改进 BP 神经网络模型，在黄淮平原宁陵县的应用结果中表明，改进 BP 神经网络法训练速度快、精度高，能较好地解决非线性的模式识别问题，客观地评价地下水的脆弱性。武强等（2006）根据研究区域内地下水污染特征，提出了多因子组合条件下地下水脆弱性分析的定量化方法，结合选定的评价因子类别确定了 ANN 模型的结构，获取各评价子专题层的权重系数，在此基础上运用地理信息系统（GIS）与人工神经网络耦合技术对各子专题层进行加权复合叠加，构建出地下水脆弱性模型，并据此提出了研究区域地下水脆弱性分区评价成果图。

2. 尖点突变模型

徐明峰等（2005）将突变理论引入地下水脆弱性评价中，用尖点突变模型对长春城区半承压含水层的特殊脆弱性进行了评价。突变理论较好地揭示了地下水特殊脆弱性变化，尖点突变模型可以模拟地下水特殊脆弱性变化，评价理论依据充分，所需数据较少，比数值模型模拟方法易于实行。

3. 灰色关联分析法

灰色系统理论中的灰色关联分析法可在不完全的信息中对要分析研究的各因素，通过一定的数据处理，在随机的因素序列间，找出它们的关联性。因此，特别适合像地下水脆弱性这类数据有限、没有模型、复杂而且具有不确定性的问题的分析和评价。灰色关联分析是一种多因素统计分析法，它以各子因素时间序列与母因素时间序列数据为基础，计算母因素、子因素的关联度，用关联度来描述母、子因素间关系强弱、大小和次序（刘思峰等，2000）。

其具体计算步骤如下：

（1）确定参考数列和比较数列。

（2）对参考数列和比较数列构成的矩阵进行归一化处理。在进行灰色关联度分析时，一般都要根据指标的不同种类（成本型、效益型、区间型等）采用不同公式进行无量纲化的数据处理。

（3）求参考数列与比较数列的灰关联系数。

（4）求灰关联度。

（5）按灰关联度排序。将灰关联度按大小排序，得到灰关联度序列，关联度越大，说明二者越接近。

孙艳伟（2007）和孙丰英等（2009）将灰色关联分析法应用于地下水脆弱性评价中，王红旗等（2009）应用灰色关联分析法评价了北京市顺义区的地下水水源地脆弱性。

4. 基于灾害风险理论的地下水脆弱性评价模型

张树军等（2009）基于灾害风险理论，构建了地下水污染脆弱性评价框架模型和指标体系，通过固有脆弱性和外界胁迫脆弱性两者的交叉运算（Cross）获得最终的地下水污染脆弱性评价结果。

5. 可拓综合评价的物元模型

刘卫林等（2007）以宁陵县为例，通过分析地下水脆弱性影响因素，以物元模型、可拓集合与关联函数理论为基础，建立了多指标多级的地下水脆弱性可拓综合评价的物元模型，通过计算其关联度，将多因子的评价归结为单目标决策，以定量的数值表示评定结果，从而能较完整地反映地下水的脆弱性。

6. 投影寻踪模型

投影寻踪模型（Projection Pursuit Model，PP）是用来处理和分析高维数据的一种探索性数据分析的有效方法。其基本思想是：利用计算机技术，把高维数据通过某种组合，投影到低维子空间上，并通过极小化某个投影指标，寻找出能反映高维数据结构或特征的投影，在低维子空间上对数据进行分析，以达到研究和分析高维数据的目的。该方法主要有以下几个特点：①成功地克服了高维数据的"维数祸根"带来的严重困难；②排除了与数据结构和特征无关的或关系很小的变量的干扰；③使用一维统计方法解决高维问题（田铮等，1999；付强等，2002）。

投影寻踪模型不但可以评价出不同分区地下水脆弱性的程度，同时还可以根据投影方向判断各评价指标的相对重要程度，据此对指标体系进行适当调整，去掉投影值相对很小的指标，并根据当地实际情况适当补充新的指标，重新进行评价分析，如此反复，直至各项指标的投影值大小趋于相对均衡为止（付强等，2008）。投影寻踪模型对于地下水脆弱性评价具有较好的效果，避免了专家主观赋权的人为干扰。

刘仁涛等（2008）结合三江平原实际情况，首次将基于实数编码加速遗传算法的投影寻踪模型应用于该地区的地下水脆弱性评价，取得了令人满意的效果。

随着地下水脆弱性研究的深入，脆弱性评价方法也日益多样化、复杂化。但地下水脆弱性评价还应从简单的评价方法入手，在对评价区域的脆弱性有了一个整体认识的基础上，再选用复杂的评价方法进行深入细致的评价分析。如果几种评价方法所实现的评价目的或得到的评价结果是相似的，应优先选用简单的脆弱性评价方法。同时，脆弱性评价不仅要对评价区域的脆弱性程度给出科学合理的度量，同时还要将这种定量评价转化为指导实践的有用信息传达给决策者，这就要求评价者必须在数据的转换和评价结果的解释之间做到合理的平衡（李鹤等，2008）。同一地区，使用不同方法和同样数据进行的固有脆弱性评价结果表明，相对简单的和较复杂的评价方法，其评价结果基本相同（陈浩等，2006）。

4.6 方法比较

选置指数法的指标数据比较容易获得，方法简单且易于掌握，是国外最常用的一种方法。它的缺陷是，由于评价指标的分级标准和评分以及脆弱性分级没有统一的规定标准，具有很大的主观随意性，所以脆弱性评价结果在不同的地区之间缺乏可比性。

过程数学模型方法虽然具有很多优点，但只有充分认识污染质在地下环境的行为且有足够的地质数据和长序列污染质运移数据，才能充分发挥它的潜力。

地下水脆弱性评价包含了一些确定性与非确定性指标，通过隶属函数来描述非确定参数及其指标分级界限的模糊数学方法应具有很大的优势。

第 5 章　地下水脆弱性评价模型

5.1　DRASTIC 模型

由美国环境保护署于 1985 年正式提出的 DRASTIC 模型是国内应用最为广泛、公认度较高的地下水脆弱性评价方法。1991 年 DRASTIC 法被引入欧共体国家，成为了欧洲国家地下水防污性能评级的统一标准。DRASTIC 模型在美国许多地区进行了应用，日本、突尼斯、印度、以色列、欧盟、新西兰、韩国和南非等也曾利用该模型进行了地下水脆弱性评价。目前，该模型在世界范围内被广泛应用，该模型多用于评价孔隙介质中地下水的脆弱性，但也有在裂隙介质中应用的实例。

5.1.1　DRASTIC 模型评价指标

该模型选取以下 7 个评价指标：地下水埋深 D (Depth of Water Table)，净补给量 R (Net Recharge)，含水层介质 A (Aquifer Media)，土壤介质 S (Soil Media)，地形坡度 T (Topography)，包气带影响 I (Impact of the Vadose)，水力传导系数 C (Hydraulic Conductivity of the Aquifer)。按每个评价指标的英文大写字头，命名为 DRASTIC 模型。

5.1.2　各评价指标分别描述

1. 地下水埋深 D

地下水埋深是指地表至潜水位的深度或地表至承压含水层顶部（即隔水层顶板底部）的深度，它是一个很重要的评价指标，因为它决定了污染物到达含水层前要迁移的深度，它有助于确定污染物与周围介质接触的时间。一般来说，地下水埋深越大，污染物迁移的时间越长，污染物衰减的机会越多。此外，地下水埋深越大，污染物受空气中氧的氧化机会也越多。

如果是潜水含水层，由地下水位确定含水层埋深；如果是承压含水层，则取承压含水层顶板为含水层埋深。

2. 净补给量 R

补给水使污染物垂直迁移至潜水并在含水层中水平迁移，并控制着污染物在包气带和含水层中的弥散和稀释。在潜水含水层地区，垂直补给快，比承压含水层易受污染；在承压含水层地区，由于隔水层渗透性差，污染物迁移滞后，对承压含水层的污染起到一定的保护作用。承压含水层在向上补给潜水含水层地区时受污染的机会极少。补给水是淋滤、传输固体和液体污染物的主要载体，入渗水越多，由补给水带给潜水含水层的污染物越多。补给水量足够大而引起污染物稀释时，污染可能性不再增加而是降低，但在净补给量的评分上并没有反映稀释因素。此外，净补给量中包括灌溉补给。

净补给量主要来源于降雨量，可用降雨量减去地表径流量和蒸散量来估算净补给量，或者用降水入渗系数计算。

3. 含水层介质 A

含水层介质既控制污染物渗流途径和渗流长度，也控制污染物衰减作用（像吸附、各种反应和弥散等）可利用的时间及污染物与含水层介质接触的有效面积。污染物渗透途径和渗流长度强烈受含水层介质性质的影响。一般来说，含水层中介质颗粒越大、裂隙或溶隙越多，渗透性越好，污染物的衰减能力越低，使防污性能越差。

根据《地下水脆弱性评价技术要求》，将含水层介质分为 10 类，见表 5-1。

表 5-1 含水层介质分类

类　型	级　别	特征值
块状页岩	1	10
裂隙发育非常轻微变质岩或火成岩	2	9
裂隙中等发育变质岩或火成岩	3	8
风化变质岩或火成岩	4	7
裂隙非常发育变质岩或火成岩，冰碛物	5	6
块状砂岩、块状灰岩	6	5
层状砂岩、灰岩及页岩序列	7	4
砂砾岩	8	3
玄武岩	9	2
岩溶灰岩	10	1

4. 土壤介质 S

土壤介质是指包气带顶部具有生物活动特征的部分，它明显影响渗入地下的补给量，所以也明显影响污染物垂直进入包气带的能力。在土壤带很厚的地方，入渗、生物降解、吸附和挥发等污染物衰减作用十分明显。一般来说，土壤防污性能明显受土壤中的黏土类型、黏土胀缩性和颗粒大小的影响，黏土胀缩性小、颗粒小的，防污性能好。此外，有机质也可能是一个重要因素。

根据《地下水脆弱性评价技术要求》，所指土壤层通常为距地表平均厚度 2m 或小于 2m 的地表风化层。土壤介质分为 10 类，见表 5-2。

表 5-2 土　壤　介　质　分　类

类　型	级　别	特征值
非胀缩和非凝聚性黏土	1	10
垃圾	2	9
黏土质亚黏土	3	8
粉砂质亚黏土	4	7
亚黏土	5	6
砾质亚黏土	6	5

类　　型	级　别	特征值
非胀缩和非凝聚性黏土	7	4
泥炭	8	3
砂	9	2
砾	10	1

对于当某一区域的土壤介质由两种类型的土壤组成时，可选择最不利的介质类型确定级别。例如，某一区域的土壤有砂和黏土两种介质存在时，可选择砂作为相应的土壤介质。当有三种介质存在时，可选择中间的介质确定级别。例如，有砂、砾和黏土存在时，可选择砂作为相应的土壤介质。

5. 地形坡度 T

地形坡度有助于控制污染物是产生地表径流还是渗入地下，在施用杀虫剂和除草剂而使污染物易于积累的地区，地形坡度因素特别重要。

6. 包气带影响 I

包气带指的是潜水位以上非饱水带，这个严格的定义可用于所有的潜水含水层。但在评价承压含水层时，包气带影响既包括以上所述的包气带，也包括承压含水层以上的饱水带。承压水的隔水层是包气带中最重要的影响最大的介质。包气带介质的类型决定着土壤层以下、水位以上地段内污染物衰减的性质。生物降解、中和、机械过滤、化学反应、挥发和弥散是包气带内可能发生的所有作用，生物降解和挥发通常随深度而降低。介质类型控制着渗透途径和渗流长度，并影响污染物衰减和与介质接触时间。

包气带是指潜水水位以上或承压含水层顶板以上土壤层以下的非饱和区或非连续饱和区，分为 10 种类型，见表 5-3。

表 5-3　　　　　　　　　　包气带介质分类

类　　型	级　别	特征值
承压层	1	10
页岩	2	9
粉砂或黏土	3	8
变质岩或火成岩	4	7
灰岩、砂岩	5	6
层状灰岩、砂岩、页岩	6	5
含较多粉砂和黏土的砂砾	7	4
砂砾	8	3
玄武岩	9	2
岩溶灰岩	10	1

在选择包气带介质时，必须选择对脆弱性有显著影响的介质层。对有多层介质存在时，各层介质的相对厚度及各层介质对脆弱性的影响大小是应考虑的因素。例如：灰岩含

水层上覆盖一层较厚的砂砾层，并且等水位线在灰岩的上部，此时应选砂砾层作为包气带的介质；但当砂砾层较薄且等水位线在灰岩内部较深的部位时，应选灰岩作为包气带的介质；如果当灰岩含水层上覆盖一层黏土和一层等厚度或厚度较大的砂砾层时，应选黏土作为包气带介质；当对承压含水层进行级别选择时，应选承压层作为包气带介质，而不用考虑其上的覆盖层。

对于固结岩石介质，还应考虑裂隙、层理和岩溶的发育程度。例如：对于溶洞非常发育的灰岩包气带介质，可选择岩溶灰岩作为渗流区介质；当灰岩中岩溶发育不好或溶洞的连通性不好时，渗流区介质应选为岩溶灰岩；但应当根据溶洞的数量和连通情况，级别稍微低一些；假设灰岩为非岩溶灰岩而且是具有较小裂隙的白云岩，可选灰岩作为渗流区介质；对于非固结岩石介质，可根据介质中粒径大小、分选性和细颗粒材料的含量对级别进行适当调整。

7. 水力传导系数 C

在一定的水力梯度下，水力传导系数控制着地下水的流速，同时也控制着污染物离开污染源场地的速度。水力传导系数受含水层中的粒间孔隙、裂隙、层间裂隙等所产生的空隙的数量和连通性控制。水力传导系数越高，防污性能越差，因为污染物能快速离开污染源场地进入含水层的位置。

影响水力传导系数大小的因素很多，主要取决于含水层中介质颗粒的形状、大小、不均匀系数和水的黏滞性等，通常可通过试验方法或经验估算法来确定，单位统一为 m/d。

基于 DRASTIC 的模糊评价模型的 7 项评价指标的级别与其对应的标准特征值列于表 5-4 中。

表 5-4　　　　　　　　　　　　DRASTIC 模型评价指标级别及对应标准特征值

指　标	级　别									
	1	2	3	4	5	6	7	8	9	10
含水层厚度/m	30.5	26.7	22.9	15.2	12.1	9.1	6.8	4.6	1.5	0
净补给量/mm	0	51	71.4	91.8	117.2	147.6	178	216	235	254
含水层介质类型	10	9	8	7	6	5	4	3	2	1
土壤介质类型	10	9	8	7	6	5	4	3	2	1
地形坡度/‰	18	17	15	13	11	9	7	4	2	0
渗流区介质类型	10	9	8	7	6	5	4	3	2	1
含水层渗透系数/(m/d)	0	4.1	12.2	20.3	28.5	34.6	40.7	61.1	71.5	81.5

5.2　Legrand 模型

Legrand 模型用于地下水脆弱性评价时，需要考虑 5 个评价指标（地下水埋深 D、包气带介质 S、渗透系数 C、水力坡度 G、固体废物排放场地的水平距离 H），防污性能指数 DI 的计算公式为 $DI = D + S + C + G + H$。DI 值越大，地下水防污性能越好；反之越差。此模型只适用于固体废物场地的评价，没有普遍意义（钟佐燊，2005）。

Legrand 模型各评价指标的分级及评分如图 5-1 和表 5-5 所示（Ibe 等，2001）。

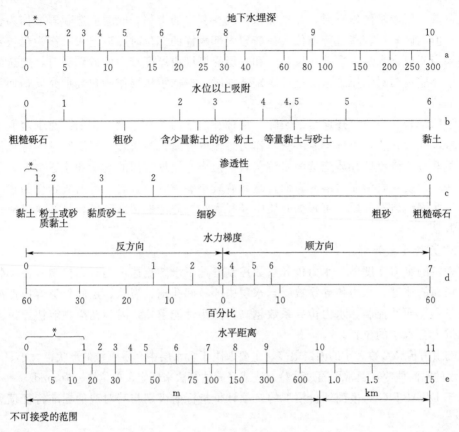

图 5-1　Legrand 模型中各评价指标分级（Ibe 等，2001）

表 5-5 　　　　　　　　　　**Legrand 模型的评分（Ibe 等，2001）**

总分	污染可能性	总分	污染可能性
0~4	极有可能	12~25	非常不可能
4~8	可能	25~35	极有可能
8~12	可能但不大		

5.3　GOD 模型

　　GOD 模型是 1987 年由 Foster 开发的一种快速评价含水层污染脆弱性的经验分类系统，它将选择的评价参数建立一个参数系统，每个评价参数均有一定的取值范围，这个范围可以分为几个区间，每一区间给出相应的评分值或脆弱度（参数等级评分标准），把各参数的实际资料与此参数等级评分标准进行比较评分，最后将各参数的评分值直接相加可得到综合指数。该模型的使用必须符合如下两个基本条件：①地下水中的污染物来自于地表污染源；②待评价含水层的地下水水位可以确定（Ibe 等，2001）。该模型适用于多孔介质潜水和承压水污染脆弱性评价。

　　该模型选了 3 个评价指标：地下水类型 G（Groundwater Occurrence）、盖层岩性

O (Overlying Lithology)、水位埋深 D (Depth to Water Table)。评分范围为 0～1。各评价指标不设权值，DI 的计算公式为 $DI=G \cdot O \cdot D$。DI 值越高，地下水防污性能越差；反之越好。地下水防污性能分级：Ⅰ级，$DI < 0.1$，防污性能很好；Ⅱ级，$DI = 0.1$～0.3，防污性能好；Ⅲ级，$DI = 0.3$～0.5，防污性能中等；Ⅳ级，$DI = 0.5$～0.7，防污性能差；Ⅴ级，$DI = 0.7$～1.0，防污性能很差（Ibe 等，2001）。此模型同时考虑潜水和承压水是可取的，但模型太简单，对含水层的分类不明确，对盖层岩性的复杂性也没有认真考虑，很难正确评价地下水的防污性能（钟佐燊，2005）。

用 GOD 模型评价地下水脆弱性步骤及赋值标准如图 5-2 所示（Ibe 等，2001）。

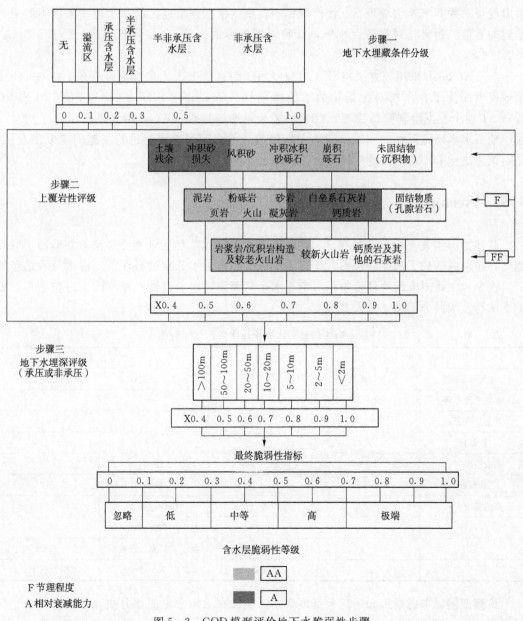

图 5-2　GOD 模型评价地下水脆弱性步骤

5.4 SINTACS 模型

SINTACS 模型是 1990 年由意大利 Civita 等通过国家研究委员会水文地质灾害防治组提出的，是在 DRASTIC 法的基础上，结合意大利的水文地质条件，对其评分进行修正后的一种方法，对较小区域的地下水脆弱性评价更为适用。SINTACS 是意大利语对应于 DRASTIC 法中 7 项评价指标的第一个字母的缩写。该模型中考虑了以下 7 项评价指标：地下水埋深 S、地下水净补给量 I、包气带稀释能力 N、土壤介质类型 T、含水层特征 A、水力传导系数 C 和地形坡度 S。评价指标的权重值根据评价地区的水文地质条件不同采用不同的数值。通常，对裂隙含水层，其脆弱性指标值为 $P_{SINTACS}=5S+5I+5N+5T+2A+2C+2S$。

Al-Amoush 采用该方法与 GIS 结合应用于约旦地下水本质脆弱性评价。G Ghiglieri 用该模型评价了含水层对污染物的本质脆弱性。Cucchi 用 SINTACS 和 SINTACSPRO KARST 两个模型绘制脆弱性图，以上区域为喀斯特地貌。Kuisi 用该模型研究了约旦一浅层地下水本质脆弱性，Draoui 对地中海气候条件下碎屑含水层进行了脆弱性制图对比，证明该方法比 DRASTIC 模型更适合于该地区。

5.5 Vierhuff 法

联邦德国学者 Vierhuff 早在 20 世纪 70 年代就提出了防污性能分类法，并编制了联邦德国一些地区的地下水脆弱性图。该方法对潜水和承压水分别进行评价。潜水只考虑包气带岩性和包气带厚度两个评价指标，承压水也只考虑隔水层岩性和厚度两个评价指标。地下水防污性能共分 5 级，见表 5-6。

表 5-6   Vierhuff 法对潜水和承压水防污性能分类

潜 水		防污性	承压水	
包气带岩性	包气带厚度/m	能分级	隔水层岩性	隔水层厚度/m
碳酸盐及石膏	无限制	差	—	—
其他坚硬岩石	<2		—	—
砂砾石	<2		—	—
其他坚硬岩石	2~20	差~中等	粉土	<2
砂砾石	2~20		壤土	<2
其他坚硬岩石	>20	中等~好	粉砂、壤土	>2
砂砾石	>10		黏土、页岩、泥炭层	<2
—	—	好	黏土、页岩、泥炭层	>2
		很好	第二承压含水层	埋深大于 100m

该模型同时考虑潜水和承压水是可取的，但没有采用常见的评分法，考虑的评价指标过于简单，包气带岩性太过简化，没有考虑包气带岩性的复杂性。此模型很难正确评价地

下水的脆弱性（钟佐燊，2005）。

5.6 AVI 方法

AVI 法是 VanStempvoort 等在 1993 年提出的含水层脆弱性指数评价法（Aquifer Vul. Nerability Index），它仅使用两个参数，即主要含水层上覆各岩层的厚度 d 及其垂向渗透系数 K。垂向水力阻滞系数 $c = \Sigma d/K$，一般取 c 或 $19c$ 作为 AVI 指数。根据作出的垂向水力阻滞系数等值线进行 AVl 分带，用以确定地下水的脆弱性分区（张保祥，2006）。

5.7 SI 法

SI 法是一种基于 DRASTIC 法的地下水脆弱性评价方法，包含 5 项水文地质参数，评价指数计算公式为

$$P_{SI} = 0.186D + 0.212R + 0.259A + 0.121T + 0.222L \tag{5-1}$$

式中：D、R、A、T 与 DRASTIC 法中的定义相同；L 为土地利用情况。

前 4 项参数评分与 DRASTIC 法相同，但对每项 DRASTIC 法评分乘以因子 10；因子 L 的评分范围为 0～100。P_{SI} 的最小值为 0，最大值为 100，脆弱性分为 5 级，见表 5-7（毛媛媛等，2006）。

表 5-7   SI 法脆弱性评价标准

评价指数	$P_{SI} < 30$	$30 \leqslant P_{SI} < 50$	$50 \leqslant P_{SI} < 60$	$60 \leqslant P_{SI} < 70$	$P_{SI} \geqslant 70$
脆弱性	低	较低	一般	较高	高

5.8 针对岩溶含水层的脆弱性评价模型

由于岩溶含水层对环境具有特殊的敏感性和脆弱性，用 DRASTIC 等模型进行地下水脆弱性评价得到的效果不理想，一些学者尝试开发了其他更适合的方法。

5.8.1 EPIK 法

Doerfliger 等在 1997 年提出了第一种专门适用于岩溶含水层脆弱性评价的 EPIK 法。选用的评价指标包括表层岩溶带 E、保护层 P、岩溶管道发育程度 K 和入渗条件 I。其中评价指标 E 主要考虑降雨或冰雪融水在表层岩溶带中的存储和运移特征；评价指标 P 主要刻画地表到地下水位之间覆盖层（土壤层、非岩溶层以及包气带等）的保护特性；评价指标 I 主要区分面状扩散入渗区和集中入渗区，而地形坡度和土地利用情况是其最重要的 2 个二级评价指标；评价指标 K 代表的是含水层中岩溶网络的发育程度。

EPIK 法是一种多属性加权的计算方法，其最终结果 F 值范围为 9～34，数值越大，反映该区域受保护程度越高，即脆弱性等级越低。最后，根据计算结果划分 4 个不同的脆

弱性等级：高脆弱性（9～19）、中等脆弱性（20～25）、低脆弱性（26～34）、极低脆弱性（上覆土壤层很厚且水力传导系数很低的情况），用来建立水源地保护区。该模型四个评价指标不同等级赋分值见表 5-8。

　　该方法操作简单，已应用于瑞士数个农业污染问题频发地区，取得了较好的效果，现已被纳入瑞士环境保护法，用来划分水源地保护区。然而，它仅适用于小流域水源地脆弱性评价，并且没有考虑内源水和外源水的补给以及包气带厚度对含水层脆弱性的影响。

表 5-8　　　　　　　　　　　EPIK 模型中评价指标等级赋值

评价指标	E1	E2	E3	P1	P2	P3	P4	I1	I2	I3	I4	K1	K2	K3
赋值	1	2	3	1	2	3	4	1	2	3	4	1	2	3

5.8.2　表层岩溶带地下水脆弱性评价模型（EPIKSVLG）

　　邹胜章等（2005）通过对我国西南岩溶区表层岩溶带发育机理和脆弱性特征的分析，提出了以表层岩溶带发育强度 E、保护性盖层厚度 P、补给类型 I、岩溶网络系统发育程度 K、土壤自净性能 S、植被条件 V、土地利用程度 L 以及地下水开采程度 G 8 个胁迫因子（EPIKSVLG）作为对表层岩溶带水脆弱性进行定量评价的指标，并对各指标进行了详细的分析与分类，初步建立了表层岩溶带水脆弱性评价的指标体系，见表 5-9～表 5-16。

　　该评价方法包括表层岩溶带的固有脆弱性和特殊脆弱性两个方面。固有脆弱性是指表层岩溶带发育强度、岩溶网络系统发育程度、补给类型、植被条件、覆盖层厚度及土壤类型；特殊脆弱性表现为土地开发利用程度、地下水开采程度。

表 5-9　　　　　　　　　　　表层岩溶带发育强度分级

等级		划分依据
强烈发育的表层岩溶带	E1	最小溶蚀间距（<0.25m），典型的溶蚀深度大于 2m
高度发育的表层岩溶带	E2	较近的溶蚀间距（<0.5m），平均溶蚀深度 1～2m
中等发育的表层岩溶带	E3	中等溶蚀间距（<1m），平均溶蚀深度 0.5～1.0m
轻度发育的表层岩溶带	E4	较大的溶蚀间距（>2m），平均溶蚀深度小于 0.5m
不明显发育的表层岩溶带	E5	在基岩上观察不到表层岩溶的溶蚀发育
发育不清楚的表层岩溶带	E6	表层岩溶带不可见或被厚层沉积物所覆盖

表 5-10　　　　　　　　　　　保护性覆盖层属性分类

保护性覆盖层	特　性　描　述	
	土壤直接覆盖于石灰岩或高渗透率的碎石上	土壤覆盖于低渗透率的底层上，如湖积物、黏土等
P1	土壤厚度 0～20cm	不超过 1m 的底层上土壤厚度 0～20cm
P2	土壤厚度 20～100cm	不超过 1m 的底层上土壤厚度 20～100cm
P3	土壤厚度 100～200cm	超过 1m 的底层上土壤厚度 100cm 左右
P4	土壤厚度大于 200cm	低渗透率的底层上土壤厚度超过 100cm，或者超过 8m 的黏土或淤泥，或者非岩溶岩石地层

表 5－11 补给类型属性分类

补给类型		特 性 描 述
集中入渗 ↓ 分散补给	I1	常年或季节向落水洞或漏斗汇聚的伏流，包括人工排水系统
	I2	I1中坡度超过10%的耕作区和超过25%的草地的水流（不包括人工排水）
	I3	I1中坡度小于10%的耕作区和小于25%的草地的水流（不包括人工排水），以及坡度小于上述值的向低地汇流的水流
	I4	除上述以外的汇水类型

表 5－12 岩溶网络系统发育程度属性分类

岩溶网络系统发育程度类型		描 述
强烈发育的岩溶网络	K1	存在良好发育的岩溶网络（由分米到米级的管道组成，连通极好，很少阻塞）
微弱发育的岩溶网络	K2	存在微弱发育的岩溶网络（小型管道，连通较差或被充填，分米级的或更小尺寸的空洞）
混合或裂隙含水层	K3	孔隙区出露泉水，无岩溶发育，仅存裂隙含水层

表 5－13 土壤自净性能属性分类

土壤自净能力	分类	阳离子交换容量/(mmol/100g)
弱 ↓ 强	S1	<5
	S2	5～10
	S3	10～15
	S4	15～20

表 5－14 植 被 条 件 属 性 分 类

植被条件类型		特 性 描 述
低覆盖	V1	植被覆盖率小于20%
中等覆盖	V2	植被覆盖率20％～50%
高覆盖	V3	植被覆盖率大于50%

表 5－15 土地利用程度属性分类

土地利用程度		特 性 描 述
低 ↓ 高	林地 L1	以乔木为主、植被覆盖率大于60％的有林地（不包括幼林）
	草地 L2	以灌丛、荒草为主的土地（包括幼林）
	园地 L3	用于种植果树的土地
	耕地 L4	用于耕种的土地（包括菜地）
	村镇及工矿用地 L5	包括居民区、工厂和矿山用地、公路等工程建设用地

表 5 - 16　　　　　　　　　　　　　地下水开采程度属性分类

开采程度	分类	特性描述
低 ↓ 高	G1	连续性开采，开采率 0～30%，单井开采量小于 1000m³/d
	G2	连续性开采，开采率 30%～70%，单井开采量小于 1000m³/d；或间歇开采率 0～30%，单井开采量大于 1000m³/d
	G3	连续性开采，开采率 70%～100%，单井开采量小于 1000m³/d；或间歇开采率 30～70%，单井开采量 大于 1000m³/d
	G4	连续性开采，开采量大于补给量；或间歇开采，开采率 70%～100%，单井开采量大于 1000m³/d

5.8.3　欧洲模式

欧洲水框架指令在 2000 年发布，这项计划关注新方法以保护和改善河流、湖泊、入海口及沿海水资源，重点达到保护环境的目标，它提供一个能够持续开发利用水资源的框架。COST Action 620 也是在这种大背景中产生的，由欧盟发起的计划旨在提出一种切实可行的保护岩溶地区地下水及其生态环境方案的活动。此计划从 1997 年开始到 2002 年结束，期间共有 15 个欧盟国家参加了这一计划。

欧盟科学技术委员会完成的 COST Action 620 始于 1996 年，在 2004 年提交了最终报告——"碳酸盐喀斯特含水层保护的脆弱性及风险性制图"［Vulnerability and Risk Mapping for Protection of Carbonate (Karst) Aquifers］。该行动最主要的目标是开发一个完整、灵活好用、适用范围广泛、能够适用于整个欧洲石灰岩分布区的岩溶含水层脆弱性、风险性评价的方法，即欧洲方法（European Approach）。该方法不仅能应用于固有脆弱性评价，还能对特殊的脆弱性进行评价（赵玉国，2011 年）。固有脆弱性考虑的是区域的水文地质特征，不考虑污染物的影响；特殊脆弱性不仅考虑水文地质特征，而且还考虑水文地质特征与污染物的相互作用（彭稳等，2010）。

欧洲模型的地下水固有脆弱性概念模型评价考虑 4 个评价指标：覆盖层 O、径流特征 C、岩溶发育程度 K 和降雨条件 P。其中 O、C、K 描述的是岩溶系统自身特征，P 是外来压力对岩溶地下水系统的影响。研究含水层资源的保护时，只考虑 O、C、K，而进行源的评价时则还需考虑 P。

下面分别介绍 4 个评价指标（赵玉国，2011 年）。

(1) 覆盖层 O。覆盖层位于表层和地下水面之间，可分为 4 种类型：表土层、底土层、未岩溶化岩石、喀斯特岩石，其中的各个类别又包含了很多亚层。

表土层是地球风化壳之上有生命活动的区域，包括矿物、有机质、水、空气和活体物质等。表土层的属性包括厚度、孔隙度和渗透率，其中后两个属性主要受颗粒分布的控制，因此可以用来作为评价表土层保护能力的依据，eFC 可以用来评估表土层的保护能力，eFC 越高表示储水能力越高，相应地可以稀释掉一部分污染物。比较直接的评价指标是土壤类型、植被和河网密度。

底土层的厚度、孔隙度和渗透性等是需要考虑的因素。底土层的饱和度、垂直水力梯度、渗透性等性质可能与点状污染有很大联系。通常情况下，地质图提供的底土层类型是非常有用的信息。

与脆弱性评价相关的非岩溶化岩石的性质包括厚度、渗透性、孔隙度等。可分成两种情况：裂隙的渗透性是最低限度的保护，其次是玄武岩冷却后的裂隙、黄岩岩释放的结合处等；粒间孔隙度能提供最好的保护，例如有孔的非砂岩裂隙；两者之间的部分可以提供中等保护。评价这些特征最重要的方式是地质信息、岩性特征和大地构造。裂隙的密度、宽度、联结性、空间分布、粗糙度和填充物控制着基岩的水力性质和保护能力。

控制喀斯特岩石保护功能的是喀斯特岩石的厚度、渗透性、空间分布等。裂隙或颗粒的存在增加了不饱和碳酸盐的保护功能。

（2）径流特征 C。径流特征表示在降水集中的区域容易发生快速渗透。汇流程度取决于控制地表径流或潜流发生的要素，比如坡度、地表性质（厚度、渗透性、颗粒度、土壤性质）、植被等。

（3）岩溶发育程度 K。为了考虑在饱和带的水平流动对脆弱性评价的影响引入了 K 评价指标，它描述了含水层的岩溶发育程度。K 评价指标可以与其他评价指标一起使用，如到岩溶含水层的标准距离和运移时间等。

评价含水层岩溶发育程度的手段主要有：地质学和地形学，洞穴、岩溶图，遥感影像和地球物理探测，钻孔数据，基岩取样和室内实验。土壤、植被、河网密度等指示特征也可以用来描述地下特征。

（4）降雨条件 P。P 评价指标不仅考虑全年降水总量，也考虑降水频率、持续时间和极端事件强度，这些对入渗类型和数量都有影响进而影响脆弱性。大量降水加上适宜的透水条件和有限的蒸发导致高补给率和快速渗透，其结果是污染物的快速运移。极端降水事件可以导致大量的地表径流和侧向径流，同时降水可以通过落水洞进入岩溶含水层。

欧洲模式是一种概念性的模型，各国研究者在具体应用时，采纳的因素不尽相同，方法各异，如 PI 法、COP 法、LEA 法、Time - input 法、VULK 法等。

1. PI 法

PI 法是欧洲模式的演变，它考虑保护层 P 和径流特征 I。P 描述的是地表到地下水位的保护带性质（表土、土壤、非岩溶岩和非饱和岩溶岩）；I 描述的是径流特征，着重考虑绕过高保护带以地表或地下侧向流的形式通过落水洞与漏斗快速补给岩溶地下水的情况。最后总的保护因子 $\pi = P \cdot I$。

P 的计算公式为

$$P = \left[T + \left(\sum_{i=1}^{m} S_i M_i + \sum_{j=1}^{m} B_j M_j \right) \right] R + A \qquad (5-2)$$

式中：T 为表土厚度指数；S_i 为各层土壤类型属性值；M_i 为各层层厚；B_j 为各层基岩因子，由岩性因子 L 与构造因子 F 相乘决定；R 为年补给量指数；A 为压力常数。

评价指标 P 分为 5 级，当 P 取值为 1～10 时为 1 级，保护能力极低；当 P 取值大于10000 时为第 5 级，具有极高的保护能力。

保护层 P 和径流特征 I 分类分级情况见表 5-17 和表 5-18。最后总的保护因子 π 的取值范围是 0～5，高值代表的是较高的自然保护程度和较低的脆弱性。

表 5 - 17　　　　　　　　　　　　保 护 层 P 分 类

P 值	覆盖保护能力	分 级	实 例
0～10	很低	1	0～2m 砾石
10～100	低	2	1～10m 砂岩夹砾石
100～1000	中等	3	2～20m 粉砂岩
1000～10000	高	4	2～20m 黏土
>10000	很高	5	>20m 黏土

注：根据 Holting 等.1995 改编。

表 5 - 18　　　　　　　　　　　　径 流 特 征 I 分 类

地表流域图	I					
	0	0.2	0.4	0.6	0.8	1.0
落水洞，地下河，10m 缓冲区	0	0	0	0	0	0
地下河两岸 100m 缓冲区	0	0.2	0.4	0.6	0.8	1.0
地下河流域	0.2	0.4	0.6	0.8	1.0	1.0
岩溶区内排泄带	0.4	0.6	0.8	1.0	1.0	1.0
岩溶区外排泄带	1.0	1.0	1.0	1.0	1.0	1.0

注：根据 Holting 等.1995 改编。

　　2. COP 法

　　COP 法是由西班牙 Malaga 大学的水文地质工作组在 2001—2002 年提出的一种定性的、具有相对性的固有脆弱性评价方法。评价指标 O 考虑的是每一层的厚度、土壤性质、岩石性质、裂隙的发育程度及含水层中的限制条件；评价指标 C 考虑的是落水洞、地形坡度及植被状况；评价指标 P 考虑的是年降雨量和降雨强度。

　　3. LEA 法

　　局部欧洲法（Localised European Approach，LEA）是一种固有脆弱性填图方法，它考虑到覆盖层 O 和径流特征 C。该方法沿袭了 PI 法的诸多概念，但较 PI 法更简单，适用于数据量少的地区，不用数字指标，最后的脆弱性结果是一个定性的、相对的分级。该方法偏向应用于资源的脆弱性评价，因此没有考虑评价指标 K 和 P。该方法在轻微岩溶化的灰岩地区和强烈岩溶化的地区具有同样好的效果。

　　4. Time - input 法

　　Time - input 法是一种基于欧洲模式评价地下水脆弱性的新方法，该方法尤其适用于山区。它的主要评价指标是水流从地表到地下的运移时间（占 60％）和降雨补给输入的量（占 40％）。研究者通过经验验证认为运移时间的作用略大于降雨补给的影响。该方法与其他评价方法不同的是，运移时间和补给量是实际的值，而不是量纲数值。这些时间值由实际情况得出，与其他方法相比具有一定的优势，而且评价结果的可靠性易于检验，评估过程更清楚。

　　5. VULK 法

　　VULK 法是 Vulnerability 与 Karst 的缩写，是由 Neuchatel 的水文地质中心

(CHYN) 开发的固有脆弱性评价方法。适用于已知点（源）潜在污染物到达目标（源或者资源）的相关信息，计算出一个污染事件的污染物在理论上的运移时间、持续性及浓度的问题。它也可以用来校正其他固有脆弱性评价方法得出的结果。该方法设地表某一点的稳定污染物是一个快速的释放过程，然后模拟每一子系统的穿透曲线。资源的脆弱性评价要考虑污染物穿过非饱和带（覆盖层）垂直运移的情况，还要考虑潜在污染物在饱和带（岩溶含水层）的侧向运移。VULK 法只考虑水平流动和扩散，而延迟和衰减并未考虑其中。需要输入的数据有穿过每一子系统的流程长度、流速、分散度、稀释度。输出数据为污染物质的运移时间、浓度和持久性。VULK 法的主要目的是基于实际观测情况定量地刻画岩溶地下水的脆弱性，是一种较新的岩溶水脆弱性评价方法。但是在具体的应用过程中过多地简化一些实际条件，而且该方法所需要的数据在大尺度区域是很难得到满足的。因此，该方法有待进一步地改进。

5.8.4　越南模式

越南模式也称作"二元法"，由 Nguyet 等于 2006 年提出，是基于欧洲模式发展出来的一种特别简化的评价模式，只考虑覆盖层 O 和径流特征 C，两项评价指标的含义与欧洲模式中阐述的一致。

越南模式是针对越南热带气候条件下岩溶山区而开发出来的评价模式，其要求的数据量相对较少，在发展中国家以及缺乏数据的地区具有很好的借鉴意义（彭稳等，2010）。

5.8.5　Slovenia 模式

2005—2007 年 Ravbar 等在斯洛文尼亚的一个泉域进行脆弱性和风险性评价研究，于欧洲模式之后提出岩溶含水层脆弱性评价的 Slovenia 模式，代表了岩溶地下水脆弱性评价的最新研究进展。Slovenia 模式考虑了覆盖层 O、径流特征 C、降雨条件 P 和岩溶发育程度 K 4 个评价指标，其概念和评价体系与欧洲模式相同，但是同时也做出了很多创新性的改进。例如考虑了落水洞的活跃性、将降雨事件细分、对评价指标 K 进行了详细的刻画等。该模式还整合考虑了地表水体和伏流与岩溶含水层积极的水力联系所带来的脆弱性。它适用于所有含水层，但同时也专门为岩溶含水层提供了工具，对今后的研究具有很好的参考价值（彭稳等，2010）。

5.9　针对干旱区地下水脆弱性的评价方法

由于干旱地区地下水形成条件及系统结构功能的特殊性，干旱区地下水脆弱性不仅表现在污染方面，更表现在水资源的枯竭与生态环境恶化方面。人类活动对地下水水质、水量的时空分布具有强烈的干扰作用。针对干旱区地下水脆弱性评价的特殊性，不同的研究人员提出了不同的评级方法及体系。

5.9.1　地下水胁迫因子对应变类型的 IRRUDQELTS 指标模型

马金珠等（2003）从研究脆弱性的角度，制定出适合干旱区地下水脆弱性评价体系，并将 R.Buckleg（1991）提出的以胁迫—应变之间的关系表示脆弱性作为突破口，通过确定地下水胁迫因子对应变类型的胁迫程度，从一个侧面来评估地下水脆弱性程度。

（1）冰雪融水在地表径流中的比重 I 决定了地表径流及其补给地下水的稳定性程度，所占比重越大，地表径流年际变化越小，地下水补给愈稳定；反之，冰雪融水所占比重较小的河流，其受气候波动影响强烈，地下水补给易不稳定，敏感性强。

（2）地下水重复补给率（地表径流入渗占地下水补给资源比例）R 的大小决定了地下水补给条件受河流水系变迁的影响程度，重复补给率大，受气候或人类活动干扰的敏感性强，易变性大。

（3）地下水补给强度 R 的大小是反映系统结构及功能稳定性的主要指标，补给强度越大，抵抗外界干扰能力越大，系统发生一定的变化也不致产生功能衰退，即易损性较小，而且在去除人类干扰因素后，系统恢复力较强，因此该因素是反映地下水系统脆弱性的最主要指标。

（4）地表水的引用率 U 反映了人类通过改变地表水的时空再分配，而影响地下水的补给、径流和排泄。

（5）地下水的开采率 D 与地表水的引用率一起构成反映人类对地下水胁迫程度的指标。但由于地下开发程度低，因此，地表水引用率对地下水的影响程度远较地下水开采强烈。

（6）地下水水质 Q 是反映系统功能的重要指标，从侧面反映了地下水受气候及人类活动影响的程度。用含水层矿化度小于 $1g/L$ 的面积占整个含水层面积的比例表示水质的好坏及系统功能状态。

（7）潜水的蒸发力 E 作为度量气候干旱性的指标也能反映出系统的稳定性，蒸发力越大，地下水受气候影响强烈，地下水易矿化，系统构造易破坏，即不稳定性大，敏感性、易变性强，蒸发力越大，还能造成地下水的无效消耗 L 增加，使系统功能严重衰退，即易损性强，危害性大。

（8）地下水水位下降幅度 T。

（9）泉水削减率 S 反映系统在外界干扰作用（胁迫）下的应变程度。

5.9.2　基于传统水文地质成果的流域地下水脆弱性评价 DRAV 模型

周金龙（2010）针对我国西北内陆干旱地区的水文地质特点，建立了基于传统水文地质成果的流域地下水脆弱性评价 DRAV 模型。

内陆干旱区地形坡度一般小于 2%，在天然降水和人工灌溉的条件下一般不产生水平径流，舍弃 DRASTIC 模型的 T（地形）指标；以 A（含水层特性）这一指标（综合考虑含水层类型、含水层岩性与水力传导系数）综合表征 GOD 模型中的 G（地下水状况）和 O（上覆岩层特性）及 DRASTIC 模型中的 A（含水层介质）和 C（水力传导系数）指标；鉴于土壤位于包气带的顶部，采用 V（包气带岩性）指标完全可以考虑到 DRASTIC 模型中的 S（土壤介质）指标对地下水脆弱性的影响。因此，可以用 D（地下水埋深，Groundwater Depth）、R（含水层净补给量，Net Recharge of Aquifer）、A（含水层特性，Aquifer Characteristics）和 V（包气带岩性，Lithology of Vadose Zone）这 4 个指标来评价内陆干旱区的地下水脆弱性，即 DRAV 模型。每个指标可根据其对地下水脆弱性影响的重要性赋予相应的权重。对内陆干旱区地下水脆弱性的评价采用综合评价指数法，脆弱性综合评价指数 VI 为以上 4 个指标的加权总和，其指数计算公式为

$$VI_i = \sum_{j=1}^{m}(W_{ij}R_{ij}) \tag{5-3}$$

式中：VI_i 为内陆干旱区地下水脆弱性系统中第 i 个子系统的综合评价指数；W_{ij} 为第 i 个子系统中第 j 个评价指标的权重，其中 $\sum_{j=1}^{m}W_{ij}=1$ 为第 i 个子系统中第 j 个评价指标的量值；R_{ij} 为第 i 个子系统中第 j 个评价指标的量值；m 为选用指标的数量，取 $m=4$。DRAV 模型中评价指标权重分配见表 5-19。

表 5-19　　　　　　　　　　　　DRAV 模型中评价指标权重

评价指标	地下水埋深 D	含水层净补给量 R	含水层特性 A	包气带岩性 V
权重	0.20	0.15	0.31	0.34

综合评价指数 VI_i 越小，则地下水系统的脆弱性越弱，地下水系统的稳定性能和自我恢复能力越好；反之，地下水系统的脆弱性越强，地下水系统的可恢复能力就越差。根据综合评价指数 VI_i 可以进行地下水脆弱性的分级与分区。按照通常对分数等级优劣的判别，地下水脆弱性评价结果采用等间距方法分级，即评价结果一般分为 5 个等级：极低脆弱性、低脆弱性、中等脆弱性、高脆弱性和极高脆弱性。

5.9.3　基于遥感技术的县域地下水脆弱性评价 VLDA 模型

周金龙（2010）对新疆焉耆县孔隙潜水脆弱进行评价时，基于遥感技术（RS）提出了适合干旱地区县域尺度下地下水脆弱性评价的 VLDA 模型，遥感技术主要用于获得土地利用类型。地下水脆弱性主要受包气带岩性（包括 DRASTIC 模型中的土壤介质和包气带两个指标，控制着入渗水在包气带内的各种物理化学过程）、土地利用方式 L（包括 DRASTIC 模型中的含水层净补给量和地形两个指标，决定了单位面积上的用水量或排水量、用水或排水过程及污染源的种类与污染物的数量）、地下水埋深 D（决定了污染物与包气带介质的接触时间，并控制着地表污染物到达含水层之前所经历的各种水文地球化学过程及物理化学过程）、含水层特征 A（包括 DRASTIC 模型中的含水层介质和水力传导系数两个指标，深刻地影响着污染物进入含水层后，污染物随地下水的渗流路径）的影响。因此，可以用包气带岩性 V、土地利用方式 L、地下水埋深 D 和含水层特征 A 等 4 个指标来评价地下水脆弱性，即 VLDA 模型。每个指标可根据其对地下水脆弱性影响的重要性赋予相应的权重。当前对脆弱性的评价并没有统一的方法，也没有统一的评价标准。VLDA 模型中评价指标权重分配见表 5-20。

表 5-20　　　　　　　　　　　　VLDA 模型中评价指标权重

评价指标	包气带岩性 V	土地利用方式 L	地下水埋深 D	含水层特性 A
权重	0.312	0.227	0.177	0.284

5.10　盆地地下水脆弱性评价方法

（1）DRASTIC 模型结合 ARCGIS 系统对内陆盆地进行地下水脆弱性评价。温小虎（2007）以 DRASTIC 模型为基础，建立了基于地理信息系统 ARCGIS 的地下水脆弱性评价系统，较好地模拟了黑河中游盆地地下水脆弱性。

（2）DRASTIC 模型结合 MapGIS 平台对盆地浅层地下水进行脆弱性评价。王建等（2011）通过建立太原市盆地区浅层地下水脆弱性评价 DRASTIC 指标体系和评价标准，获得了 DRASTIC 模型的 7 个指标在研究区的评分图之后，利用 GIS 平台空间分析技术将 7 张评分图叠加，得到了太原市盆地区浅层地下水脆弱性分区图。

（3）基于 DRASTIC 的二层模糊评价模型对盆地地下水脆弱性评价。张小凌等（2013）在 DRASTIC 指标的基础上，采用多级二层模糊评价方法对云南省曲靖盆地地下水进行脆弱性评价，得到了精细的评价结果。

综上，对盆地地下水脆弱性进行评价时，使用 DRASTIC 模型比较通用，结合相关的 GIS 技术进行脆弱性评价，能得到较理想的结果。

5.11　平原地下水脆弱性评价方法

（1）基于层次分析的 DRUA 模型与 GIS 结合对地下水进行脆弱性评价。范琦等（2007）在充分考察中国平原盆地水文地质条件的前提下选取影响地下水脆弱性的地下水埋深 D、净补给量 R、包气带介质类型 U、含水层组介质类型 A 这 4 个评价参数作为评价指标，应用层次分析法确定各评价指标的权重，结合 GIS 空间分析功能，对地下水本质脆弱性进行评价。该模型还可应用于内陆干旱区、内陆盆地等地下水脆弱性评价中。

（2）海河流域平原区地下水脆弱性评价。姚文峰等（2009）选择地面表层土壤类型、含水层岩性、含水层富水程度、浅层地下水埋深、降雨入渗补给模数、地下水开采系数、土壤有机质含量这 7 个关键评价指标构成地下水脆弱性指标体系，利用主成分—因子分析法获取相应的权重体系，用综合指数法对海河流域平原区的地下水脆弱性进行评价，具有一定的客观合理性。

（3）基于 GIS - WOE（证据权重法）法的下辽河平原地区地下水脆弱性评价。王言鑫（2009）在借鉴国内外研究经验的基础上，提出了基于 GIS - WOE 法的地下水脆弱性评价方法，选用施肥强度等 6 个参数为预测因子，以硝酸盐氮浓度为响应因子，得到了硝酸盐氮浓度后验概率分布图。表明专家证据权重法的确能应用于像下辽河平原地区那样研究程度低的地区。

（4）基于 GIS 的 GOD 模型对汉江河谷平原区浅层孔隙水的脆弱性评价。袁建飞等（2009）以 MapGIS 为工作平台，以地下水类型、盖层岩性、地下水埋深为评价指标，利用国际上广泛应用的 GOD 模型对湖北省钟祥市第四系浅层孔隙水展开脆弱性评价，并得到脆弱性图。

（5）适宜华北平原的 DRITC 指标体系进行脆弱性评价。孟素花等（2011）针对华北平原地下水特征，根据华北平原水文地质条件，划分 4 个评价分区，剖分 2km×2km 单元 34253 个，采用地下水位埋深、净补给量、包气带岩性、含水层累积厚度和渗透系数 5 个评价指标，建立适宜华北平原的 DRITC 评价指标体系，并在 MapGIS 平台下编制了地下水脆弱性分布图。

第6章　地下水脆弱性编图方法

6.1　概述

地下水脆弱性图是地下水脆弱性评价结果的一种直观表现，属于特殊用途的环境图范畴，由一般的水文地质图衍生而来。它主要反映地下水的脆弱性，是评价地下水脆弱性的潜势、鉴定易污染区域、评估污染风险和设计地下水质量监测网络的工具，用以指导土地利用规划、地下水的开发和保护，是地下水污染防治工作的基础。

地下水脆弱性图分为一般（或固有的）脆弱性图和特殊（或综合性）脆弱性图两种，一般脆弱性图是用来评价与特殊污染物或与污染源无关的地下水系统的自然脆弱性；特殊脆弱性图则以一般脆弱性图为基础，同时考虑不同污染物或者特定污染源对地下水的影响（杨旭东等，2006）。

6.2　分类

根据比例尺、目的和内容及图形描述法等因素，可对地下水脆弱性图进行分类，见表6-1。

表6-1　　　　　　　　　　　　　　地下水脆弱性图分类

图的类型	比例尺	目的和内容	图形表示法
普通的总的概括性的纲要性的	1∶50万或更大	一般规划、决策制定，符合国家或国际级的地下水保护政策。教育目的，表明地下水固有脆弱性的综合性图，缺少局部细节	大部分是手工编辑，二维图或有注释的地图册。计算机编图仍不常见
纲要性的	1∶50万～1∶10万	制订区域计划、地下水保护管理规章，评价污染问题的扩散。大部分局部细节仍然缺少，需要续接特殊图	手工编辑，二维或三维图，计算机数字地图或地图册
可使用的	1∶10万～1∶2.5万	制订区域土地利用计划以及设计地下水保护规划，分解的图描绘出地区范围内涉及特殊污染物的迁移时间的地下水脆弱性，宜有野外调查	计算机数字的二维或三维图或手工编辑图，剖面和图表提高了实用性
特定的特殊目的	1∶2.5万或更小	单一目的，用于地方或城市规划和保护场地特殊图，表示地方或场地特殊地下水脆弱性问题，需要一套代表性数据，通常需要场地的特别调查	计算机数字的二维或三维图、图表（表面图）、网格图

根据编辑目的和确定图的内容的比例尺，给出了脆弱性图使用和应用的限制条件。脆弱性图的比例尺应当根据图的目的、水文地质条件的特征和复杂性、解决问题所需要的精度来选择。由于比例尺影响着数据的概括水平、精度和测点参数的值，其作用非常重要。

图的比例尺也决定着脆弱性图解的描述，在数字或地理信息系统（GIS）的帮助下，以大量数据为基础的大比例尺特殊图不断地编制出来，而对概要图仍然是以手工编图为主。

例如：大比例尺的图通常有特殊目的，表示特定污染物和特定人类活动的潜在污染。这样的图需要有详细的代表性数据，但是这些数据并不总是能够获取，因此需要实地调查。同时，国家或国际级表示固有脆弱性的一般概要图的比例尺需要的细节低得多。概要图大多是以和地下水脆弱性关联的普通水文地质图的要素特征为基础的（例如岩石的岩性和渗透性）。

6.3　制图技术

脆弱性图件由人工创建或摄影方法创建，可以是透明图形式，可以是几种地理信息系统（GIS）中任何一种的编码形式，如 ARC/INFO、ERDAS、GENAMAP。近几年来，计算机在编图中的应用已明显增长（中国地质调查局，2003）。

1. 人工制图技术

根据勘察比例尺、地面数据的数量和数据处理的形式，脆弱性图可使用各种方式由人工绘制，最广泛的使用方法是几种基础底图的叠加或/和幻灯片或摄影片的处理叠加。该方法有助于将预先选好的固有脆弱性范围或值赋予相似群组和亚群组。

利用水文地质综合方法和背景方法编制地下水脆弱性图的阶段和步骤如下：

（1）阶段 1。

1）根据相似的水文地质综合体单元，选择地层、结构、地貌信息，并勾绘出底图草图。

2）建立土壤和超负载图（或透明图），重点考虑土壤组成、厚度和渗透性参数。

3）建立水系网格密度图（或透明图）。

4）叠加上述三种图，判别同类均质区域。

（2）阶段 2。针对各项均质区域，应

1）根据平均水位数据，编制水位埋深图（或幻灯片）。

2）根据数据的详细程度，编制含水层水文地质特征图（或幻灯片）。

3）编制补给图。

4）叠加本阶段 1）～3）步骤中得到的图到阶段 1 图件上，以便于判别固有脆弱性的均质背景。对于优选的实例应尽可能多的将参考作成基础记录文献。

（3）阶段 3。针对全区，应

1）编制含水层水动力特征图和几何形态图（平均等水位线、流向、地下水边界）或幻灯片。

2）编制现状与潜在污染源图（或透明图），图中包括现有和潜在的污染源，污染记录的现在和潜在场地，需要保护的目标。

3）叠加本阶段 1）、2）步骤中得到的图到阶段 2 图件上，编制特殊脆弱性图。

该方法涵盖了资料数据有效性和一般性解释，它通过实施或示意图进行特别设计以覆盖大面积和地貌复杂的区域。然而这种方法缺乏适应性，原因在于它要求每个地段都要赋大量的参数平均值（地下水的埋深、渗透率、净补给等），尽管在小区域内这些参数也是变化较大的。

2. 计算机制图

与 DRASTIC 类似的系统的第一步是使用计点系统模式（PSCM），通过叠置处理来鉴别各项均质背景。DRASTIC 系统（Aller 等，1987）把某一个区域细分成一个规则的方格网（每个边长 15m）。对于非连续区域（每边长 0.5km），划分方法最先由 Villumsem 等（1983 年）提出，他们使用了计算机划分分级系统来编制脆弱性结构图。另外在 SIN-TACS 方法中（Civita，1990 年），地面区域被划分为很小的方块单元（每边长 0.5km），对其单独参数的分级赋值和三个不同加权串赋值。

3. 利用地理信息系统（GIS）

以 GIS 为基础、利用计算机进行操作是一种强大的方法，它可以把来自广泛领域里的数据进行一体化并加以分析，诸如遥感、土壤测量、地面测量、水样点地形编图以及人口普查资料。

目前，在编制地下水脆弱性图时用到的 GIS 软件有：ARC/INFO 软件（付素蓉等，2000；吴晓娟等，2007）、Blackland GRASS 地理信息系统软件（董亮等，2002）、MapInfo（郑西来等，2004）和 Map GIS6.7（阮俊等，2008）等。

整个评价过程（以 ARC/INFO 为例）如下（付素蓉等，2000）：

（1）各指标参数的数据收集。

（2）地图数字化，建立原始数据层次。各参数形成一个数据文件，而且每个数据文件的格式要与评价模型相容。参数的范围应用符号代替，如 A、B、C 分别代表地下水埋深为 0~2.5m、2.5~6.5m、6.5~12.0m。

（3）输入每个参数的权重、相对应的评分值，每个参数各产生一张同比例尺的图。

（4）如有必要，对各指标参数的脆弱性重新分级（评分），形成新的数据层次。

（5）输入各参数的权重，把编辑后的各参数所形成的地图栅格化，并把底图栅格化。栅格化由 ARC/INFO 软件的栅格化功能来完成，使用的命令是 POLYGRID 和 LINEGRID，POLYGRID 用来把参数图的多边形栅格化，LINEGRID 用来栅格化基础底图。

（6）建立评价模型，把各指标参数图叠加在一起，通过迭置分析（OVERLAY）得到脆弱性分区图。迭置分析是把多个地图层面的数据根据所建立的评价模型进行一定的操作后得出结果的分析方法。

综合脆弱性图可以由各单因子经过空间分析叠加而成，也可以依据单因子钻孔的总得分（即 DRASTIC 地下水系统脆弱性指标）提取等值线，生成综合脆弱性图（阮俊等，2008）。

6.4 地下水脆弱性编图的图例

1. 主要信息

主要信息指的是上覆地层的地下水系统固有脆弱性，并且可以在图上用颜色表示。在有扩散污染物的情况下，考虑土壤的特性因素是很重要的，指示土壤淋滤潜力的土壤分类系统能通过运用不同深度的颜色或不同的着色装饰符来表示，用特定的如 H1、H2、H3、I1、I2 或 L 等同一类的字母来界定区域的方式说明亚类，见表 6-2 和表 2-3。土壤数据的有效性和图的最终比例尺将决定描述的亚类应用是否合适。

表 6-2 具有上覆岩层的含水层系统脆弱性

脆弱性	颜色	非饱和带地层特征	举例
极高	橘红	没有作用或影响很小，厚度薄或不连续	裂隙或岩溶高度发育
高	粉红	包气带厚度小于 2m，且透水性好	
中等	黄色	透水性中等，距饱和带 2～20m（岩溶发育不良地区 2～50m）	普通松散层结构
低	浅橄榄绿	低透水性，距饱和带距大于 20m	
很低	深橄榄绿	渗透性极差，且厚度相当大	黏土或页岩

表 6-3 用于确定含水层对污染源扩散的脆弱性的土壤分类
（国家河务管理局，1992 年）

类别	高淋滤性土壤（H）	中等淋滤性土壤（I）	低淋滤性土壤（L）
特征	阻止污染扩散能力低，土壤中含有不能被吸收的扩散污染源，且释水速度快	具有中等阻止污染传播能力，或土壤中可能含有不被吸收的扩散污染源，液体能渗透过土层	由于地下水水平流动，土壤中污染物不能渗透到土壤层，或土壤有较大能力阻止污染扩散。通常土壤黏土矿物含量高。土壤释水有助于补给集水盆地其他地方的地下水
亚类	（1）H1。土壤层薄或易于直接向岩石、砂砾石或地下水排水。 （2）H2。厚的、透水的、颗粒粗的土壤，由于渗透性好、吸收能力低，易于形成大范围的污染。 （3）H3。粗颗粒或中浅层土壤，易于不被吸收的污染物扩散，易于释水，但由于含有大量黏性颗粒或有机物成分，具有一定降低可吸收污染物的能力	（1）I1。可能有传播大范围污染的土壤。 （2）I2。可能有传播不被吸收或弱吸收污染物的土壤，能释水，但不会传播可吸收污染物	无

2. 次要信息

次要信息与地下水系统内污染物扩散的潜力相关，并且是以考虑饱和带属性为基础的。次要信息以装饰符叠加在表示主要信息的基本色调上。

　　3. 编图比例

　　图例中建议使用的装饰符，通常适宜于中比例尺（1：20 万）之间。当比例尺为
1：2.5 万或更大时，其属性将更特别。对于大比例尺图来说，编图者可能更希望通过使
用不同大小的相同符号来表示同一事物的不同类型。为了避免误解，允许使用不超过三种
尺寸的相同装饰符；如果想表示更多的类型，符号应各不相同。

6.5　国内外编图实践

　　在 20 世纪 70 年代，欧洲一些国家（主要是联邦德国、民主德国、捷克斯洛伐克、法
国、西班牙、苏联、波兰、保加利亚等）及美国编制了一些小比例尺的地下水脆弱性图，
如法国地质矿产调查局（BGRM）1970 年编制出版第一幅 1：100 万法国地下水脆弱性图，
编图者试图通过小比例尺图件，根据政府的需要从国家和区域层次上了解地下水最易被污
染的地区，以便制定地下水保护政策和措施。到 20 世纪 80 年代，为了适应较小单元地下
水保护的需要，世界各地已出版了大量的大、中比例尺的区域地下水脆弱性图。国际水文
地质学家协会地下水保护委员会于 1987 年启动了关于地下水脆弱性评价与编图的项目，
在这一时期中，法国地质调查局编制了 1：25 万、1：10 万、1：5 万及一些专门目的地下
水脆弱性图；美国利用 DRASTIC 编图方法出版了大量地下水脆弱性图；意大利的 Civita
等（1987）通过意大利国家研究委员会的研究计划，出版了 1：2.5 万和 1：5 万的地下水
污染脆弱性图；荷兰在 1987 年编制出版了 1：4 万国家地下水污染脆弱性图；联邦德国由
联邦地学与自然资源研究所编制了 1：100 万、1：20 万、1：4 万和 1：1 万地下水脆弱性
图；民主德国在 1980—1985 年编制了 1：5 万的地下水脆弱性图；瑞典编制了 1：2.5 万
地下水脆弱性专题图；英国也编制了一些脆弱性图，国家河流管理局编制了一系列 1：10
万的区域地下水固有脆弱性图；捷克编制了 1：10 万和 1：20 万的系列地下水脆弱性图。
1987 年在荷兰举办了"土壤和地下水对污染物的脆弱性评价"的国际会议，会议通报了
各国的编图情况。1989 年，在德国召开了"水文地质图作为经济和社会发展的工具"的
国际研讨会，会议对脆弱性图的分类和编图方法进行了交流。Vrba 等（1994）编著了
《地下水脆弱性编图指南》。1995 年在加拿大召开的第 26 届国际水文地质学家大会上，地
下水污染脆弱性评价及编图成为一个重要主题。

　　我国在地下水脆弱性编图方面起步较晚，但发展很快。我国编制的地下水脆弱性图
有：西安市潜水脆弱性图（郑西来等，1997），大连地区非承压含水层 DRASTIC 易污性
指标图（杨庆等，1999），松嫩盆地地下水环境脆弱程度图（林学钰等，2000），唐山市平
原区地下水污染脆弱性分区图（雷静，2002）。陈梦熊（2001）对地下水脆弱性编图方法
作了论述。为了推动我国地下水脆弱性研究和编图工作，中国地质调查局水文地质工程地
质技术方法研究所于 2003 年翻译了《地下水脆弱性编图指南》。阮俊等（2008）论述了应
用 GIS 技术完成地质环境中对地下水系统脆弱性编图的方法，对用 GIS 技术进行地下水脆
弱性编图提供了帮助。

第7章 相关案例分析

国内很多学者对我国几大平原区、盆地以及岩溶区等地区的地下水脆弱性进行了评价，具体见表7-1。

表7-1   我国已开展的地下水脆弱性评价工作

地 区		含水介质	埋藏条件	评价方法
平原区	三江平原	孔隙水	潜水、承压水	DRASTIC方法
	松嫩平原	孔隙水	潜水、承压水	DRASTIC方法
	下辽河平原	孔隙水	潜水	DRASTIC方法
	华北平原	孔隙水	潜水、承压水	DRASTIC方法
	银川平原	孔隙水	潜水、承压水	参数法
	江汉平原	孔隙、裂隙水	潜水、承压水	DRASTIC方法
盆地	曲靖盆地	孔隙、裂隙、岩溶水	潜水、承压水	DRASTIC方法
	丽江盆地	孔隙、裂隙、岩溶水	潜水、承压水	DRASTIC方法
	关中盆地	孔隙水	潜水、承压水	DRASTIC方法
	潞西盆地	浅层孔隙水	潜水、承压水	DRASTIC方法
岩溶区	济南泉域			PI、COP方法
	广西岩溶区			层次分析法

7.1 平原区

7.1.1 三江平原地下水脆弱性评价

三江平原位于黑龙江省东北部，包括黑龙江、松花江、乌苏里江汇流的三角地带以及倭肯河与穆棱河流域和兴凯湖平原，全区总控制面积10.89万 km²，占全省面积的23.9%，是我国重要的商品粮生产基地。近些年来，随着三江平原地区井灌水稻面积的逐年增加，一些地区地下水资源严重超采，局部地区已经出现漏斗现象，农业水资源出现严重危机。同时，人类活动以及化肥农药的大量使用，不可避免地对地下水产生一定程度的影响。

刘仁涛等（2007、2008）以传统的DRASTIC评价指标体系为基础，建立了三江平原孔隙潜水和承压地下水脆弱性评价指标体系，包括以下7项评价指标：地下水埋深、含水层净补给、含水层介质类型、土壤介质类型、含水层的水力传导系数、土地利用率、人口密度。经相关性分析，该指标体系的建立较为合理。

　　研究者开发了基于参数系统法的综合性脆弱性评价模型，将数学模型嵌入该综合模型中。研究中应用到的数学模型有熵权系数法评价模型、基于实码加速遗传算法的投影寻踪模型，以及多目标模糊模式识别模型。其中，前两种方法在地下水脆弱性评价中均为首次应用。通过三种不同方法对三江平原地下水脆弱性进行评价，得出三江平原各地区的地下水脆弱程度。

7.1.2　松嫩平原地下水脆弱性评价

　　方樟等（2007）对松嫩平原进行了地下水的固有脆弱性评价和基于人类活动的地下水脆弱性评价。松嫩平原作为东北地区的能源交通工业基地和农牧业基地，自然生态环境随着人类经济活动的日益加剧已经出现了严重的环境地质问题。地下水由于各种工业三废、生活污水、垃圾乱排和化肥农药的使用的影响，受到了不同程度的污染。

　　松嫩平原在地下水赋存和分布上，从东部高平原—中部低平原—西部山前倾斜平原具有明显的分带性。地下水类型有：以孔隙潜水为主，局部有孔隙承压水，层间承压水和构造裂隙水；以承压水为主（孔隙承压水、层间承压水），孔隙潜水居次要地位；以孔隙水为主，局部有层间承压水和构造裂隙水。

　　研究者在考虑影响地下水脆弱性的本质因素和人为因素的基础上，确定了地下水位埋深、包气带岩性、补给强度、地形坡度、含水层导水性、污染源、地下水开采强度、人口密度 8 个评价指标，将研究区潜水和承压水分别进行分区，对松嫩平原地下水脆弱性进行评价，最后根据实际的自然地理状况及各个地区的经济发展状况对评价结果进行修正，得到最终的脆弱性分区图。

7.1.3　下辽河平原地下水脆弱性评价

　　下辽河平原位于辽河中下游地区，辽宁省的中部，东依千山山脉，西靠医巫闾山，北接康德低山丘，南临渤海的辽东湾。东西宽 20～140km，南北长 240km，面积约 2.65 万 km²。平原地势由东西两侧向中部地区倾斜，自北向南逐渐低平，平均海拔低于 50m，是区域地表水和地下水的汇集中心，地下水总的径流方向趋同于地势，由山前向中部平原呈放射状，至中部平原后，总的径流方向是由东北向西南，最后进入辽东湾。在南部滨海地带，由于地势低洼，受潮汐和洪涝威胁，该地区土地盐渍化和沼泽化比较严重。

　　平原地区含水岩组主要为松散岩类孔隙水含水岩组，东、西两侧山前倾斜平原的含水岩组以上更新统和全新统冲洪积层为主，含水层为中粗砂、砂砾石、砾卵石层，其上为亚砂土、亚黏土覆盖，含水岩组厚 5～15m，含水层后缘轴部厚度 10～30m，富水性极强。腹部平原的浅层地下水以上更新统冲积细砂、中细砂、中粗砂为主，含水层厚度 50～80m。下辽河平原地下水类型复杂，含水层结构层次较多，各个层次的地下水相互依存、相互补充，共同组成一个由补给区、径流区到排泄区的完整的大型地下水系统。

　　杨俊（2008）以 DRASTIC 模型为基础，采用 GIS 为工具，在全面认识下辽河平原地区浅层地下水水文地质条件的基础上，选择合适的指标体系，对下辽河地下水本质脆弱性、特殊脆弱性进行全面的评价。本质脆弱性从水量、水质两个方面考虑，在水量方面，以含水层厚度、天然总补给量为评价指标，在水质方面，选择土壤有机质等 6 个评价指标，特殊脆弱性选择施肥强度、地下水平均开采量、需水量与可供水量之比、耕地面积与土地面积之比、人均水资源量 5 个评价指标，并应用 GIS 软件 MapInfo 的 Vertical Mapper 工具将图层网格化后进行加权叠加，分别得到研究区的本质脆弱性图与特殊脆弱性图，考虑三种情景将本质脆弱性图与特殊脆弱性图进行叠加，最终得到 3 幅研究区地下水综合脆弱性图。它更直观地反映了研究区地下水脆弱性情况，为地下水的合理开发与利用、地下水资源的管理与保护提供了一定的依据。

7.1.4　华北平原地下水脆弱性评价

华北平原位于中国东部，东临渤海，西抵太行山，北起燕山，南至黄河。包括北京市、天津市和河北省的全部平原及河南省和山东省的黄河以北平原，面积 13.92 万 km^2。华北平原地下含水组主要由第四纪松散沉积物组成，可划分为 4 个区，即山前冲洪积平原、中部冲积湖积平原、东部冲积海积平原和古黄河冲洪积平原。

研究者采用改进的 DRASTIC 模型对华北平原 1959 年、1984 年及 2005 年的地下水本质脆弱性进行评价，发现地下水脆弱性高及较高区分布在山前平原冲洪积扇地带、古黄河冲洪积平原东部及古黄河冲积海积平原。随着时间的推移，低、较低脆弱性所占比例增加，中等、较高和高脆弱性所占比例减少。地下水脆弱性对人类活动的响应研究表明，地下水脆弱性级别变化与埋深变化显著相关，与包气带综合岩性变化和含水层砂层累积厚度变化分别为中等相关和弱相关。

在本质脆弱性评价的基础上，建立了地下水特殊脆弱性评价指标体系及指标分级标准，用模糊综合评判法对华北平原基于人类活动的地下水特殊脆弱性进行了评价，用有机污染等级和三氯甲烷质量等级分布情况验证了评价结果的客观合理性。与本质脆弱性评价结果相比，北京、天津较高和高脆弱性区分布面积明显增加，其他地区尤其是山前冲洪积扇和现代黄河补给带较高和高脆弱性区明显减少，污染源荷载冲淡了水文地质内部因素对地下水脆弱性的影响。

7.1.5　银川平原地下水脆弱性评价

银川平原为新生代形成的断陷盆地，总体走向 NNE 向，新生界厚度达 7000m，第四系最厚达 2000m，下伏第三系大于 1700m。据物探资料，基底由周边向中心呈地堑式断阶状陷落，以银川市至西大滩一带断陷最深。基底地层黄渠桥以北为晚古生界，中南部为早古生界，第三系呈宽缓向斜，两翼倾角 3°～100°，西陡东缓。其东缘以黄河基底断裂为界。银川盆地在基底构造的控制下，第四纪以来一直处于沉降状态，沉降幅度最大处有西大滩一带、罗家庄北侧一带与灵武北侧一带，第四系自沉降中心向四周变薄，由大于 1000m 至小于 500m，在贺兰山山前地带约 300～500m，于黄河附近约数十米至百余米。

银川平原的地下水类型主要为第四系松散岩类孔隙水，按照水力性质可将其分为潜水和承压水。根据对钻孔资料及水文地质剖面图的分析，把银川平原的第四系松散岩类孔隙水分为两个大区，即单一潜水区和多层结构区。其中单一潜水区主要分布在工作区西部和南部的局部地区，其他地区均为多层结构区。在大约 250m 深度以上的范围内，可在多层结构区划分出三个含水岩组，从上向下依次是第一含水岩组、第二含水岩组和第三含水岩组。其中第一含水岩组为潜水，第二、第三含水岩组为承压水，各含水岩组之间通常具有相对较为连续的弱透水层。

针对银川平原第四系松散孔隙水潜水和承压水地下水系统，研究者运用参数系统法的具体思想，建立该研究区的地下水脆弱性评价指标体系以及计点式系统计算模型，依托 Matlab 程序完成对整个平原地下水脆弱性指数的计算和脆弱性分区图的绘制。模型中涉及了 7 个评价指标，分别是：包气带岩性、潜水开采量、水位埋深、含水层介质类型、含水层渗透系数、地下水净补给量、土壤有机质含量。脆弱性指数是一个综合性指数，为了确定 7 个评价指标对该指数的贡献大小，工作中首先划分了各指标内部的评分等级，然后采用层次分析法计算了 7 个评价指标间的相对重要性。根据脆弱性指数的不同，绘制出研究区 1∶25 万的地下水脆弱性分布图，以此来揭示银川平原地下水脆弱性的整体分布。

评价结果表明，银川平原脆弱性较高的区域主要出现在青铜峡市和永宁县，其成因主要是较高的补给强度、较浅的水位埋深及适合的含水层介质类型。从整个银川平原来看，平原区北部处于中等脆弱性区域，南部处于较高脆弱性区域，东部和西部处于较低的脆弱性区域，中部地区处在中等偏上的脆弱性区域，2003 年 6 月区内地下水中 NO_3^- 浓度的分布状况验证了上述评价结果的正确性。这种脆弱性分布特征是由研究区的地质、水文地质及土地利用状况所决定的，在一定程度上客观反映了银川平原地下水脆弱性的整体特征。

7.1.6　江汉平原地下水脆弱性评价

江汉平原位于湖北省中南部的长江中游地区，面积约 4.48 万 km^2。随着人口的增长、工农业生产及城市建设的迅速发展，地下水资源开发利用规模越来越大，由于生活垃圾、工业三废、农业化肥、农药等造成的地下水污染也日趋严重。赵德君等根据江汉平原实际的地质、水文地质条件，采用 DRASTIC 模型对研究区浅层地下水进行了污染脆弱性评价，分析了区内浅层地下水的防污性能，提出了江汉平原地下水污染防治的对策建议。

7.2　岩溶区

目前岩溶区地下水脆弱性评价主要是运用欧洲模型，它是一种概念性的模型，各国研究者在具体应用时，采纳的因素不尽相同，例如 PI 法、COP 法、LEA 法、Time - input 法、LULK 法等（COST620，2003）。

国内对岩溶区的地下水脆弱性评价的研究起步相对较晚。路洪海（1997）分析了人类活动胁迫下岩溶含水层脆弱性，从水文地质本身的内部要素分析岩溶含水层脆弱性的原因，详细论述农业活动、工业活动、城市化以及矿山开采等对岩溶含水层高度脆弱的影响，认为人类活动的叠加加剧了岩溶含水层的脆弱性，并在很大程度上影响水质和水量。

姚长宏（2002）进行了贵州水城盆地岩溶水文系统敏感性动态评价，通过分析贵州盆地岩溶水文系统结构建立了一个具有 3 个层次 14 个评价指标的层次评价模型。岩溶水文系统敏感性指数是其主要评价目的，作为指标体系的第一层；岩溶水文系统中包括补给、径流、排泄三个子系统，假设为目标，可以得评价体系第二层次；从地下水补给、径流、排泄角度具体分析岩－土－水－气－生物构成的岩溶环境系统中各项相关的自然要素，构成第三层次；岩溶补给条件主要受大气降水 R、层岩溶带 E、地形地貌 T、植被覆盖 C、地表保护层 P、地表水系 S 等的影响；径流条件主要取决于饱水带富水程度 Q 和径流形式 W；排泄条件主要影响地下水的替换速度，因此主要考虑单元输出能力，即与其排泄基准面相对高差 H 以及主要排泄方式（泉、管道流、侧向补给其他单元）。

章程（2003）对贵州普定后寨地下河流域地下水脆弱性做了评价。选择了岩石 R、表层岩溶 E、岩溶发育程度 K、土壤覆盖层 S 和地形变化 T 作为评价指标体系，建立了 REKST 模型，该研究主要是对含水层的固有脆弱性评价，也有一些特殊脆弱性评价，即注重考虑岩溶水文地质内部本身因素，部分考虑污染源特性和人类活动特征。

邹胜章（2003）等对西南岩溶区表层岩溶带水脆弱性评价指标体系的探讨，提出了以表层岩溶带发育程度、保护性盖层厚度、补给类型、岩溶网络系统发育程度、土壤类型、植被条件、土地利用程度以及地下水开采程度 8 个胁迫因子（EPIKSVLG）作为对表层岩溶带脆弱性定量评价的体系。

杨桂芳（2003）等采用层次分析法建立了一套适合我国西南岩溶地区的地下水脆弱性评价模型。张强（2007）在对重庆青木关地区水文地质调查的基础上，将斯洛文尼亚模式和越南模式进行了适当改进，评价了青木关岩溶槽谷地下水的脆弱性和风险性。

朱彰雄（2007）用 DRASTIC 模型研究重庆黔江地下水脆弱性评价，应用 GIS 对 7 个参数分别进行评价分区，得到 7 个参数的分区脆弱性图，结合黔江的具体条件，经过加权得出黔江地下水资源脆弱性参数评分，最终绘制出黔江地下水脆弱性综合评价图，用以指导当地地下水的保护管理以及土地整理和土地利用规划。

7.3　分区评价指标

我国很多地区已做过浅层孔隙水脆弱性评价工作，根据各地的地质地貌和水文地质特征提出了不同区域的脆弱性指标体系，西北地区受干旱气候主导，重点突出与水量有关的指标；黄土塬地区地下水主要受地形地貌复杂多样的影响，同时指标选择时兼顾人类活动；东北地区农业活动是影响该区域地下水脆弱性的重要指标；华北平原地下水脆弱性主要受与水文地质环境和人类开采有关的指标影响。

7.3.1　西北地区

1. 西北内陆干旱区

我国西北内陆主要是大陆性干旱温带气候，常年少雨，蒸发强烈。由于干旱区地下水补给径流条件及系统结构功能的特殊性，地下水脆弱性不仅表现在污染方面，则更表现在水资源的枯竭与生态环境恶化方面。国内有关学者在本地区开展了地下水脆弱性评价研究工作，见表 7-2。

表 7-2　　　　　　　　　我国西北内陆干旱区地下水脆弱性评价研究工作

评价指标	研究区域	研究者	研究年份
DRAMTI（包气带介质、水位埋深、含水层介质、含水层厚度、净补给量、地形坡度）	湟水河流域	梅新兴，等	2013
地貌类型、地层岩性、底层结构、水位埋深、包气带厚度、包气带吸附性、包气带垂向渗透系数、含水层导水系数、净补给模数、水质矿化度、土地利用状况	关中盆地	姜桂华 杨晓婷	2004 2002
VLDA 模型（包气带岩性、土地利用方式、地下水埋深、含水层特征）	新疆焉耆县	蔡伟忠，等	2011
DRAV（含水层埋深、净补给量、含水层特征、包气带岩性）	新疆焉耆县	周金龙，等	2008
二层次综合模糊评判方法	石羊河流域	孙艳伟，等	2007

马金珠（2001）在塔里木盆地南缘通过分析影响地下水不稳定的因素，建立胁迫—应变关系，确定地下水胁迫因子对应变类型的胁迫程度，从一个侧面来评估该地区不同区域地下水脆弱性程度，选择河川径流中冰雪融水比重、地表径流入渗占地下水补给比例、地下水补给强度、地表水的引用率、地下水的开采率、潜水埋深小于 1m 的蒸发力、矿化度小于 1g/L 的面积比、潜水蒸发损失率、地下水位下降幅度、泉水衰减率作为地下水脆弱性指标。

孙艳伟等（2007）对石羊河流域进行地下水脆弱性评价时，从影响地下水系统功能的主要因素出发，分析自然因素、人为因素及生态环境因素对地下水系统脆弱性的影响，分别建立评价指标：与自然因素有关的地下水补给强度、地下水矿化度、含水层厚度；与人为因素有关的地下水重复补给率、地表水的引用率、地下水开发利用程度、地下水位年降幅度；与生态环境有关的土壤盐渍化面积扩大比率、沙漠化面积比率、天然绿洲面积消亡率。

周金龙等（2008）基于 GOD 和 DRASTIC 模型对塔里木盆地孔隙水进行脆弱性评价时，因塔里木盆地孔隙潜水埋深变化大的特点保留埋深指标 D，考虑到干旱区在天然降水和人工灌溉的条件下一般不产生地表径流而舍弃地形指标，因产生的补给对污染物的稀释有很大差别保留净补给量指标 R，用含水层特性 A 综合表征含水层岩性和水力传导系数，用包气带岩性 V 代表土壤和包气带影响，从而建立了基于传统水文地质成果的流域地下水脆弱性评价 DRAV 模型。

除以上代表性的指标体系以外，我国还有很多学者对西北内陆干旱区地下水脆弱性进行了研究，基本都是在 DRASTIC 模型的基础上根据研究区的实际状况进行改进，如任小荣等（2007）在银川平原提出的 DRASICE 指标，S 指标主要指土壤有机质含量，E 指标表示潜水开采量；李万刚等（2008）在乌鲁木齐河流域去掉不易获得的土壤和包气带指标提出的 DRATC 体系。

2. 西北高原半干旱区

我国西北高原大多属半干旱大陆性季风气候，降雨少，蒸发大，地形地貌复杂多样，垂直分带性明显。地表水匮乏，地下水资源占有重要地位，对环境和人类影响比较敏感。梅兴新等（2013）选择 DRAMTI 模型对湟水河流域浅层地下水做了脆弱性评价。由于研究区处于黄土高原与青藏高原的过渡带，干旱区地表蒸发强烈且受人为开采影响，部分区域含水层在逐渐退化，浅层含水层越来越薄，逐渐丧失其蓄水功能。在这些区域，含水层厚度成为制约地下水脆弱性的影响因素，增加含水层厚度指标；地表植被较为稀少，各区域内土壤介质与包气带的一致性较强，去掉土壤介质指标，只考虑包气带影响；研究区地形复杂，坡度变化大，地形影响不容忽略；去掉含水层渗透系数，只保留含水层介质。

对于西北干旱区，无论是内陆还是高原，受干旱气候主导，与水量有关的指标需重点突出，同时兼顾水质指标，因此选择地下水埋深、净补给量、含水层介质、包气带影响 4 个评价指标来表示地下水的固有脆弱性。其中含水层介质应包括厚度和水力传导系数两个方面，分别反映含水层水量调节能力和污染物稀释能力。

7.3.2 东北地区

我国东北地区面积辽阔，是全国重要的粮食和重工业生产基地，人类活动不可避免地对地下水产生影响，已有很多学者［如李宝兰等（2009）对辽宁省中南部分城市、卞玉梅等（2008）对辽河下游平原地区、方樟等（2007）对松嫩平原、孔庆轩等（2013）对黑龙江省黑河市、邓昌州等（2001）对哈尔滨及其周边地区］对该地区地下水脆弱性做过评价，见表 7-3。

表 7-3　　　　　　　　　　　我国东北地区地下水脆弱性评价研究工作

评价模型指标	研究区域	研究者	研究年份
直接 DRASTIC 模型（D 为埋深，R 为净补给，A 为含水层介质，S 为土壤介质类型，T 为地形坡度，I 为渗流带介质影响，C 为含水层渗透系数）	辽宁省中南部部分城市	李宝兰，等	2009
	辽河下游平原地区	卞玉梅，等	2008
	松嫩平原	方樟，等	2007
	黑龙江省黑河市	孔庆轩，等	2013
	哈尔滨及其周边地区	邓昌州，等	2001
DRASCLP（剔除地形坡度、增加土地利用和人口密度）	三江平原	刘仁涛，等	2007
MQL-DRASTIC（增加地下水开采强度、地下水水质、土地利用类型）	鸡西市	许传音，等	2009
DRIMLCH（净补给量、包气带介质、含水层富水性、地下水水位埋深、土地利用类型、污染源影响、地下水开采模数）	松原市	郇环，等	2011
潜水：DRASTIC 基础上增加地下水水质、蒸发强度和土地利用指标	吉林省通榆县	李立军	2007
承压水：含水层介质和埋深、隔水层介质、水位下降幅度、渗透系数和水质			

　　评价方法方面，有些学者直接采用了 DRASTIC 模型，也有学者根据研究区特点，对 DRASTIC 模型进行了适度改进。如刘仁涛等（2007）对三江平原地下水脆弱性进行评价时考虑到平原区的地势平坦，剔除了坡度指标；因研究区以农业为主，人类农业活动不容忽视，增加了农用土地利用率和人口密度指标。许传音等（2009）根据鸡西市地下水开采量和土地利用方式的差异对地下水的影响不同，在原有模型基础上增加土地利用、地下水开采强度、地下水水质指标。郇环等（2011）对松原市地下水脆弱性进行评价时剔除了坡度和不易获得的土壤指标，用含水层富水性代替含水层介质和水力传导系数，增加了地下水开采模数、土地利用类型和污染源影响这 3 个指标，分别从水量和水质方面表现特殊脆弱性的影响。还有学者根据研究区地下水埋藏条件的不同分别选择了不同的指标体系：李立军（2007）将吉林省通榆县地下水分为潜水和承压水两类，潜水因埋藏浅、蒸发强且农业活动影响，在 DRASTIC 的基础上增加地下水水质、蒸发强度和土地利用指标；承压水评价时主要考虑潜水越流补给和人类开采的影响，因此选择了含水层介质和埋深、隔水层介质、水位下降幅度、渗透系数和水质 6 个评价指标。

　　综上，东北地区农业活动对地下水脆弱性会产生重要影响，结合相关学者在该区域做过的研究，在东北做区域性脆弱性评价时，应选择地下水开采强度、土地利用方式、地下水埋深、净补给、含水层介质、土壤有机质类型 6 个指标，既能反映人类活动对地下水的影响，也从含水层本身考虑了其敏感性。

7.3.3　华北平原区

　　华北平原位于我国东部，人口密度大，地下水超量开采严重，农业和人类活动使得该地区地下水污染加剧。该区地下含水组主要由第四纪松散沉积物组成，可划分 4 个区，即山前冲洪积平原、中部冲积湖积平原、东部冲积海积平原和古黄河冲洪积平原。从影响地下水脆弱性的因素考虑，区内从山前到中东部平原的地下水埋深逐渐变浅，包气带及含水层岩性颗粒由粗变细，渗透系数由大变小，对地下水流系统影响呈渐变趋势，进而对污染物运移也产生影响。不同含水层结构，含水层累计砂层厚度也会有差别，进而影响污染物稀释和水量变化。平原地区人类农业活动会对地下水产生污染，土壤有机质能吸附污染物，降低地下水污染风险。此外，地下水开采是污染物运移的动力和载体，华北平原部分区域地下水过量开采使得脆弱性变高。

　　我国很多学者在华北平原的不同区域进行了地下水脆弱性评价工作，见表 7-4。雷静等（2003）对唐山市平原区、肖丽英对海河流域进行地下水脆弱性评价时都选取了土壤有机质含量、地下水埋深、含水层渗透系数、含水层累计砂层厚、降雨灌溉入渗补给量和地下水开采量 6 个指标；严明疆（2005）对溏滏平原地下水脆弱性评价时选取了地下水位埋深、包气带岩性、含水层水力传导系数、含水层砂层厚度和降雨补给量 5 个评价指标表示防污性指标，选取补给量、地下水质量、开采强度、可开采量、地下水储存量、富水性和给水度作为资源脆弱性指标；滨海地段由于咸水水体入侵等影响，宋峰（2005）、张保祥（2006）、石文学（2009）等在基础指标上增加距咸淡水分界线距离和水质指标来表示海水补给入侵等对地下水水质的影响。

表 7-4 我国华北地区地下水脆弱性评价研究工作

评 价 指 标	研究区	水文地质类型	研究者	研究年份
DRCOTE（C 为含水层渗透系数，O 为土壤有机质含量，T 为含水层累计砂层厚度，E 为地下水开采量）	唐山市平原区	第四系松散浅层孔隙水	雷静等	2003
	漳滏平原		孙丰英	2006
	海河流域		肖丽英等	2007
地下水补给量、包气带厚度和垂向渗透系数、含水层厚度和水平渗透系数、距咸淡水界面	滦河冲积扇	滨海浅层地下水	宋峰等	2005
	天津市宁河县		石文学	2009
DRAMTICH（M 为地下水水质矿化度，T 为非饱和带岩性，H 为人类活动影响）	黄水河流域	山东半岛北部滨海地区砂卵砾石孔隙水	张保祥	2006
DRASICQP（Q 为地下水水质，P 为地下水污染源）	北京市平原区	冲洪积扇孔隙水	黄栋	2009
DRITC［T 为含水层砂层厚度（防污性指标）］	漳滏平原	第四系松散浅层孔隙水	严明疆	2009

华北地区已经进行了比翔实的地下水脆弱性评价工作，对于不同的研究区，相关学者也采用了不同的指标体系，按地下水类型大致可概括为东部堆积平原冲洪积层孔隙水和滨海平原的冲海积层孔隙水两类，可以选取地下水埋深、净补给量、含水层介质（包括厚度和水力传导系数）作为基本评价指标。东部堆积平原冲洪积层孔隙水增加地下水开采量、地下水水质指标；滨海平原增加距咸淡水界面指标来反映咸水影响。

第8章　相关技术标准分析及导则编制

目前国内还没有正式发布地下水脆弱性评价的相关标准，与其相关的技术文件主要有两个：一是国土资源部所属中国地质调查局于 2004 年 11 月在国土地质大调查项目中下发的技术文件《地下水脆弱性评价技术要求（GWI－D3）》，用于指导各地开展主要平原区、盆地的地下水脆弱性评价；二是水利部水利水电规划设计总院联合中国地质科学研究院于 2012 年 12 月在全国水资源综合规划项目中下发的技术文件《区域浅层地下水脆弱性评价技术指南》，用于指导全国各省开展平原区地下水脆弱性评价工作。国外有关的技术标准有：美国石油组织于 2002 年发布的《地下水敏感性工具箱》（Groundwater Sensitivity Toolkit)、美国试验材料协会（ASTM Committee）于 2010 年发布的《地下水或含水层敏感性和脆弱性评价方法选择指南》（Standard Guide for Selection of Methods for Assessing Groundwater or Aquifer Sensitivity and Vulnerability）等。相关技术标准、规范见表 8－1。

表 8－1　　　　　　　　　地下水脆弱性评价相关技术标准、规范

标准或规范名称	发布国家或单位	发布日期
《地下水脆弱性评价技术要求（GWI－D3）》	中国地质调查局	2004 年 11 月
《区域浅层地下水脆弱性评价技术指南》	水利部水利水电规划设计总院、中国地质科学研究院	2012 年 12 月
《地下水敏感性工具箱》	美国石油组织	2002 年 8 月
《地下水修复策略工具》	监管分析与科学事务部	2003 年 12 月
《地下水保护相关的土壤质量特征》	英国标准	2004 年
《地下水或含水层敏感性和脆弱性评价方法选择指南》	美国试验材料协会	2010 年 9 月

8.1　《地下水脆弱性评价技术要求（GWI－D3）》

我国已有的地下水脆弱性评价工作主要是按照中国地质调查局 2004 年 11 月发布的《地下水脆弱性评价技术要求（GWI－D3）》开展的。该技术要求界定了地下水脆弱性的基本概念，论述了地下水脆弱性评价的基本方法和步骤，可供相关评价工作参考。《地下水脆弱性评价技术要求》中论述的评价方法是目前国内应用最广泛的 DRSTIC 评价方法，主要介绍了城市平原区地下水固有脆弱性的评价步骤，也简单介绍了极端气候（极度干旱、

极度潮湿、极度炎热、极度寒冷）地区地下水脆弱性评价，主要包括以下几点：

（1）该技术要求是为中国地质调查局地质调查项目《全国地下水资源及其环境问题调查评价》专门制定。

（2）该技术要求只规定了地下水固有脆弱性评价。

（3）该要求推荐采用基于 DRASTIC 的模糊评价模型来评价地下水脆弱性。

（4）该要求提供了两种权重方法，即参考 DRASTIC 模型给定的权重，以及构造判断矩阵，采用方根法确定指标权重。

（5）该要求提供了各评价指标划分标准和对应的评分值。

（6）基于 DRASTIC 的模糊评价模型的程序进行定量计算。

（7）列举了极端气候下地下水脆弱性评价考虑因素。

（8）明确地下水脆弱性成果应包括研究报告和脆弱性分区图。

8.2 《区域浅层地下水脆弱性评价技术指南》

水利部于 2012 年组织实施全国水资源保护规划工作，为顺利开展全国水资源保护规划地下水专项，制定科学合理的地下水水质保护方案，规范和指导浅层地下水脆弱性评价工作，水利部水利水电规划设计总院联合中国地质科学院水文地质环境地质研究所编制了《区域浅层地下水脆弱性评价技术指南》。该指南规定了地下水脆弱性的一般性原则、评价方法、评价步骤和编图要求，提出了孔隙水、裂隙水、岩溶水脆弱性评价应选取的指标体系和评价方法，主要包括以下几点：

（1）为顺利开展水利部全国水资源保护规划专项、规范和指导浅层地下水脆弱性评价工作而编制。

（2）该指南适用于平原区及有开发利用意义的山丘区浅层地下水本质脆弱性评价。

（3）推荐使用基础图件比例尺 1∶25 万，介绍了评价流程。

（4）分别提出了适用于浅层孔隙水、裂隙水和岩溶水的脆弱性评价方法，每种方法提出了影响因素、指标体系、等级划分及赋值、权重体系和评价标准。

（5）介绍了 ArcGIS 中进行脆弱性评价的操作流程。

（6）该指南推荐了 ArcGIS 软件进行地下水脆弱性图编制的要求、报告及表格格式。

8.3 《地下水或含水层敏感性和脆弱性评价方法选择指南》

本标准主要内容如下：

（1）给定了两个术语概念。敏感性，即地下水或含水层根据其内在的水文地质特征，其被污染的可能性；脆弱性，即在特定土地利用实践、污染特性与敏感性条件下，某种污染物进入地下水或某一含水土层的相对容易性。

（2）介绍了地下水脆弱性评价方法。文地质背景与评分方法、基于过程的模拟方法（饱和带模型与非饱和带模型）、统计方法（包括判别分析、回归分析、地统计学方法）。

（3）介绍了评价程序，主要根据评估目的、评价区域范围等选择数据和评价方法。

8.4 《地下水脆弱性评价导则（征询意见稿）》

在上述相关技术标准的分析整理的基础上，结合示范地区的相关应用经验，提出了《地下水脆弱性评价导则（征询意见稿）》，见附录 A。

该导则的主要特点如下：

（1）水质水量兼顾。地下水脆弱性不仅存在对污染活动的脆弱性，对开采的响应也十分重要。含水层的补给、调蓄能力、出水能力等都对地下水开采有显著影响。很多生态系统的退化及地下水超采都是因为水量的脆弱性造成的。

（2）本质脆弱性与特殊脆弱性兼顾。随着人类活动的加剧，外部环境对地下水脆弱性的影响越来越明显。因此，在对某区域进行地下水脆弱性评价研究时，不仅要考虑地下水本质脆弱性，同时也要考虑人类活动和污染源对地下水脆弱性的影响，即特殊脆弱性评价。

（3）突出孔隙水评估。在中国地下水开采量中，绝大部分地下水来自孔隙水，包括深层承压水。因此，对分布在平原及河谷中的孔隙水进行评价具有特殊和重要的意义。

（4）突出了普适性。我国地域广大，地下水类型多样，水文地质条件差异很大，因此，导则起草中考虑了标准的普适性。

第9章 通辽市示范应用

9.1 研究区背景

9.1.1 研究区自然地理与经济概况

通辽市位于内蒙古东部，东接吉林，南邻辽宁，西连赤峰，北靠兴安盟，西北与锡林郭勒盟相连，是沟通东北与华北、西北的重要交通枢纽：通辽市有京通、平齐、通霍、通让和大郑等五条铁路；公路四通八达，形成以通辽为中心，通往境内各旗县和毗邻地区，连接城乡和广大牧区的公路交通网；有通往北京、呼和浩特和海拉尔的定期班机。研究区位于通辽市的中部平原区，松辽平原西部边缘，属西辽河平原，下辖开鲁县、奈曼旗大部、科尔沁区、科左后旗、科左中旗、库伦旗北部、扎鲁特旗南部，形成平坦开阔的冲洪积平原及风积平原，面积约 4.3 万 km^2。通辽市平原区行政区划图如图 9-1 所示。

图 9-1 通辽市平原区行政区划图

通辽市属中温带半干旱大陆性气候，春季干旱多风，夏季雨水集中，秋季凉爽短促，冬季漫长寒冷。大部分地区年均气温 5～6℃，年均降水量 350～400mm，降水多集中在 7—9 月。平原地区无霜期 145 天，年日照 3000h，年平均风速 3.4m/s。

该区因降水量充沛且地处大兴安岭东麓地带，地表水系比较发育，河网密布，大小湖泊星罗棋布。通辽市平原区属西辽河水系，西辽河自西向东横贯市区，主要支流包括老哈河、西拉木伦河、乌力吉木仁河、教来河、新开河等。

通辽市总人口 321 万其中蒙古族人口 152 万人，是全国、蒙古族人口最集中的地方。通辽市粮食作物以玉米、水稻、高粱、荞麦等为主，被誉为"内蒙古粮仓"，是国家重要的商品粮基地。该市草场资源丰富，有辽阔的科尔沁草原，水草丰美，是著名的天然牧场，牲畜以牛、马、驴、羊为主。通辽市矿产资源丰富，其中煤和硅砂是通辽市的主要的矿产。经过几十年的建设，通辽市的工业也初具规模，已建立起煤、电力、建材、畜产品加工、化工、玻璃加工与制造等具有一定规模和地方特色的工业体系。

9.1.2　地下水开发利用现状

根据《通辽市 2010 年水资源公报》，全市供水量 30.84 亿 m³，地下水水源供水量占总供水量的 95.46%，而在 29.41 亿 m³ 地下水供水量中，全部为浅层地下水供水，通辽市水资源供应绝大部分来自于浅层含水层。进一步统计各行业用水比例，农业耗水占 79.39%，工业耗水占 8.81%，生活耗水占 2.13%，生态与环境耗水占 0.77%，林牧渔业耗水占 8.29%，第三产业耗水占 0.61%。与全国各行业用水比例相比，通辽市农业用水占比过大且相对集中，用水比例失调，也约束了其他行业的经济发展，导致工业发展用水受到制约，环境用水严重不足，水环境受到污染，不利于该地区的国民经济发展。

9.2　研究区水文地质概况

9.2.1　研究区地质条件

研究区含水层分布与沉降厚度受地质构造的控制，平原的主体部分为新生代以来形成的沉降盆地，早白垩世晚期形成了逾千米厚的砂岩、砂砾岩与泥岩互层的地层。新生代该区以沉降运动为主，但自晚更新世后趋于上升阶段，使上更新统未能连续沉积，而广大区域则为全新统薄层堆积物覆盖。垂向上，新近系顶部的泥岩与第四系底部的黏土连续分布，厚 20～50m，共同构成了区域隔水层，将该地区的地下水分为第四系松散岩类孔隙潜水和碎屑岩裂隙孔隙承压水。

9.2.2　研究区水文地质条件

从区域地层富水性及地方开采目的层角度分析，第四系松散岩类堆积物区为研究区的主要开采目的层。在其分布区内，受成因类型的控制和影响，地下水的单井涌水量和含水介质存在着差异。研究区从储水类型上划分为松散岩类孔隙潜水含水层、碎屑岩类孔隙裂隙含水层和基岩裂隙含水层三大系统。其中，碎屑岩类孔隙—裂隙含水层及基岩裂隙含水层仅存在于研究区西北部扎鲁特旗部分地区，分布很小，开采强度微弱，研究精度低，供水意义不大。因此将松散岩类孔隙含水层作为本次研究的重点。

1. 松散岩类孔隙潜水含水层

（1）西辽河主流三级地下水系统。含水层主要由不同时代的含水层组成。上部由全新统、上更新统顾乡屯组、排头营子组的中细砂、粉砂、细砂和泥质细砂组成；中部由中更新统大青沟组冲洪积、冲湖积的粗砂、中砂、细砂和淤泥质粉砂组成；下部则由中更新统白土山组冰水、冰碛的砾石、砂砾石、泥质砂砾石和粗砂、中细砂组成。系统区含水层具有统一的补给来源，又有共同的储水条件和相同的径流排泄途径，从而形成了一个具有统一自由水面的、相互沟通的、大厚度的第四系松散岩类孔隙潜水综合含水体。第四系总体呈现出中间厚、边缘薄的变化规律，开鲁与科尔沁交界一带为沉积中心，厚度最大，可达200m，以此为中心，含水层厚度向四周变薄。岩性变化表现为：在水平方向上，从山前向平原，自上游向下游颗粒由粗变细，由砂砾石变为中粗砂、中细砂，再变为细砂、粉砂，并且黏土夹层增多，厚度增大。地下水径流条件由畅通变为滞缓，水质由好变差。在下部含水层形成孔隙承压水；在垂直方向上，具有下粗上细的韵变规律。

（2）乌力吉木仁河三级地下水系统。该子系统的含水层以中更新统大青沟组为主，水文地质特征总体表现为：自上游向下游含水层颗粒变细、含水层厚度变薄、含水层由单一结构变为多层结构，黏性土层数增加、单层厚度增大，富水性变弱，水力坡度变缓，地下水径流条件变差。

（3）东辽河三级地下水系统。该子系统在研究区分布面积很小，仅在科左中旗东辽河西岸呈狭条状分布，含水层上覆粉质黏土，下部为砂砾石，具有明显的上细下粗的二元结构。给水能力强，透水性、富水性好。

（4）秀水河三级地下水系统。研究区科左后旗南部位于秀水河两岸的区域划为秀水河三级地下水系统，含水层由全新统—上更新统中细砂含砾组成。含水层厚度由山前向河谷方向加厚，山前倾斜平原区表层为粉质黏土和黄土状粉质黏土，中下部为砂及砂砾石、碎石含水层。一般呈透镜体出现，分布不稳定。

（5）柳河三级地下水系统。系统区内堆积有较厚的粗颗粒含水介质，呈多层状，垂向上上细下粗，养畜牧河流域含水层向下游逐渐增厚，一般从3～5m增至10～20m。

第四系孔隙承压含水层在研究区中北部地区分布，西起开鲁县开鲁镇，东至科左中旗架马吐镇东，南至开鲁县—科尔沁—科左后旗交界沿唐家窝堡一带，北至科左后旗北部边界。承压含水层主要岩性为冰水砂砾卵石、中粗砂及中细砂，砂砾卵石以砾石为主，从上游开鲁地区含水层颗粒由大变小，厚度由西南向东北逐渐变薄，部分地区含黏土及黏土透镜体，富水性由强变弱。

2. 碎屑岩类孔隙裂隙含水层

（1）新近系碎屑岩裂隙孔隙承压水。该含水层分布于研究区主体部分，含水层主要为粉细砂岩、中细砂岩、砂砾岩。成岩较差，多为半胶结，较疏松，孔隙发育，透水能力强，在开鲁—科尔沁一带埋深为145～220m，厚度一般为20～40m。由于第四系含水层富水性较好，新近系含水层地下水一般没有开发利用，仅在科左中旗保康、瞻榆等地第四系水中氟离子超标的区域有开发。

（2）白垩系碎屑岩裂隙孔隙含水层。该含水层分布比较广泛，岩性包含粉细砂岩、中砂岩、中粗砂岩、粗砂岩、砂砾岩、砾岩，含水层厚度不等，埋藏深度各地不一，位于第四系与新近系之下，富水性较差，不易于开发利用。

3. 基岩裂隙含水层

基岩风化裂隙水分布面积很小，主要位于扎鲁特旗大兴安岭山前低山丘陵区和研究区南部库伦旗柳河上游部分地区，含水层岩性复杂，地下水主要赋存于构造与风化裂隙中，水量不易富集，不具备开采价值，对平原区地下水补给具有重要意义。

9.2.3　地下水动态及水化学特征

1. 水位动态

通辽市平原区地下水水位动态变化主要受气象、水文、地质地貌和人为因素影响，将地下水动态类型分为年内变化和年际变化两类，每一类根据研究区地下水状况进行细分。

（1）根据地下水年内变化，将地下水动态分为如下 4 种类型：

1）降水入渗-蒸发型。主要分布于科左后旗、科左中旗中北部、库伦旗秀水河流域、奈曼旗西部和东部等地区，地下水开发利用程度低、水位埋深浅，含水层渗透能力差、地下径流微弱、地形起伏不明显，利于降水入渗和蒸发。

2）降水入渗-径流型。主要分布于山前倾斜平原地区，地形坡度大，地下水径流畅通，与地表水交换积极，主要以径流形式排泄。

3）降水入渗-开采型。主要分布于科尔沁区、奈曼旗、开鲁县等地下水集中开采区，地下水水位随开采量及降水枯丰期变化。

4）降水入渗-灌溉入渗-开采型。主要分布于奈曼旗地表水灌区，水位随农业生产和降水情况变化。

（2）研究区地下水水位年际变化特征主要表现为两类。

1）非强烈开采区水位随年际气象变化。根据相关资料，在没有受到人为干扰的地区，地下水位年际变化主要取决于自然气候条件下的降水循环，如在研究区广袤的沙地区，人为开采少，地下水水位随大气降水呈波动式变化。

2）强烈开采区水位降落漏斗及周边下降区地下水位变化。主要为科尔沁地下水超采区，查科尔沁区地下水位变化。

2. 水量动态

根据《内蒙古 2010 年水资源公报》数据，通辽市平原区所属的 7 个旗县范围内，年末地下水动态水量比年初减少 2.14 亿 m^3，其中科左中旗、科左后旗与库伦旗地下水动态水量增加，增加量分别为 0.15 亿 m^3、2.3 亿 m^3、0.06 亿 m^3；科尔沁区、开鲁县、奈曼旗与扎鲁特旗地下水动态水量减少，减少量分别为 0.24 亿 m^3、1.29 亿 m^3、1.36 亿 m^3、1.76 亿 m^3。各旗县地下水水量动态变化如图 9-2 所示。

3. 化学类型

根据收集到的内蒙古地下水矿化度数据，通辽市平原区地下水属于低矿化度重碳酸型，大部分区域矿化度小于 1g/L，仅在科左中旗中东部、科尔沁区东部及开鲁县及科左后旗个别乡镇矿化度为 1~2g/L。阴离子以 HCO_3^- 为主，表明地下水循环条件较好；阳离子类型相对比较复杂，以 CaNa 型为主。

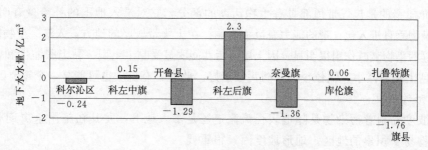

图 9-2 各旗县地下水水量动态变化图

9.3 地下水脆弱性指标体系

9.3.1 DRASTIC 模型及其改进

DRASTIC 模型是 1985 年由美国环境保护署提出的，并一度成为美国应用最广、公认度最高的脆弱性评价方法。1991 年欧共体国家将 DRASTIC 模型引入，并促使其成为欧洲国家地下水防污性能评价的统一标准。该模型选取地下水埋深、地下水净补给量、含水层介质、土壤介质、地形坡度、包气带影响和水力传导系数 7 个评价指标，并取每个评价指标的英文首字母构成评价模型。下面分别介绍各评价指标对脆弱性影响机理。

1. 地下水埋深 D

地下水位埋深反映了污染物从地表通过包气带到达地下水的距离，决定地表污染物到达含水层之前所经历的各种水文地球化学过程。地下水位埋深越大，污染物与包气带介质接触的时间就越长，污染物经历的各种反应（物理吸附、化学反应、生物降解等）越充分，污染物衰减越显著，地下水脆弱性越低；反之则相反。

2. 地下水净补给量 R

地下水净补给量是指在特定时间内通过包气带进入含水层的水量，通常以年净补给量表示。补给量由大气降水入渗量、渠系河流入渗量、灌溉入渗量等组成，大气降水是地下水的主要补给来源，在资料不十分丰富的地区，进行地下水脆弱性评价时可只考虑降水入渗量。

净补给量对地下水脆弱性具有双重影响。补给水是淋滤、传输污染物的主要载体，入渗水越多，由补给水带给浅层地下水的污染物越多，地下水脆弱性越高。同时，补给水量足够大而引起污染物稀释时，污染可能性降低，地下水脆弱性变低。在孔隙水、裂隙水的脆弱性评价中，认为净补给量对污染物的稀释作用远小于其作为污染物载体对地下水脆弱性的影响，故在进行地下水脆弱性评价时，认为净补给量越大，污染物进入到地下水中的可能性越高，地下水脆弱性越高，反之则相反。

3. 含水层介质 A

这里含水层介质主要指含水层介质类型，既控制着污染物渗流的途径和渗流长度，也控制着污染物的衰减作用（如吸附、弥散和各种反应等）可利用的时间及污染物与含水层介质接触的有效面积。污染物渗透途径和渗流长度受含水层介质性质的影响强烈。一般来说，含水层介质颗粒越大、裂隙或溶隙越多，渗透性能越好，污染物衰减能力越低，含水层防污性能越差。

4. 土壤介质 S

土壤介质指的是包气带顶部具有生物活动的部分，它对渗入地下的补给量有明显影响，从而对污染物垂直进入包气带的能力有巨大影响。在土壤带较厚的地方，入渗、生物降解、吸附和挥发等污染物衰减作用很明显。因土壤防污性能明显受黏土类型、黏土胀缩性和颗粒大小的影响，黏土胀缩性小、颗粒小的，防污性能好。此外，有机质也可能是一个重要因素。

5. 地形坡度 T

地形坡度控制着污染物是随地表径流流走还是渗入地下，尤其在施用杀虫剂和除草剂而使污染物易于积累的地区，地形坡度因素很重要。

6. 包气带影响 I

包气带指的是潜水位以上的非饱水带，可用于所有的潜水含水层。但对承压含水层而言，包气带的影响既包括以上所述的包气带，又包括承压含水层以上的饱水带。承压水的隔水层是包气带中最重要、影响最大的介质。包气带介质类型决定着土壤层以下、水位以上地段内污染物衰减的性质。包气带内可发生的作用包括生物降解、中和、机械过滤、化学反应、挥发和弥散等。介质的类型控制着渗透途径及渗流长度，并影响着污染物衰减和与介质接触时间。

7. 水力传导系数 C

在水力梯度一定的条件下，水力传导系数控制地下水的流速，同时也控制着污染物离开污染源的速度。其受含水层中的粒间孔隙、裂隙、层间裂隙等所产生的空隙的数量和连通性控制。水力传导系数越高，防污性能越差。影响水力传导系数的因素很多，主要取决于含水层中介质颗粒的形状、大小、不均匀系数和水的黏滞性等。

9.3.2　研究区指标体系建立

地下水脆弱性的影响因素很多，根据影响因素的重要程度和获取的难易程度构成评价指标体系。本次根据研究区的水文地质条件和开采现状，对 DRASTIC 模型改进，进行指标筛选。

研究区为平原区，地势平坦，地形坡度对地下水脆弱性判别没有实际意义，故舍弃该评价指标。地下水埋深反映了污染物由地表经包气带到达地下水的距离，决定污染物到达含水层之前所经历的水文地球化学过程，影响地下水的防污性能。补给水是淋滤、传输污染物的主要载体，补给越多，地下水遭受污染的可能性越大；另外，在补给量少或开采量大的区域，净补给还决定了含水层对水量变化的敏感性。含水层渗透系数反映含水层介质的水力传输能力，在一定水力梯度下，渗透系数越大，污染物在含水层中的迁移速度越快，地下水脆弱性越高。土壤介质颗粒大小影响污染物进入含水层的难易程度，土壤中部分有机质还会吸附污染物。含水层厚度影响地下水的静储量和对开采的调节能力，一定量的污染物条件下，含水层厚度越大，稀释能力越强。土地利用类型对污染物进入地下水的方式和过程有重要影响，利用类型能反映人类活动对地下水水质的影响，耕地中施用的农药化肥会随灌溉水一起渗入含水层中，引起污染；人口密集的城市区生活污水大量排放也会造成地下水污染。

地下水开采系数主要反映了人类干扰情况下地下水的排泄状况。开采持续大于补给，地下水资源量逐渐枯竭，可能导致地质环境和生态环境问题，对含水层产生破坏作用，地下水水量脆弱性增大。净补给量是决定地下水系统对开采敏感性与否及水量自我恢复的关键，在排泄方式不变的条件下，净补给量越大，地下水水量脆弱性越低；实际开采量反应了人类活动对地下水水量的影响，本文用净补给与实际开采模数之差来表示研究区可用于调节的地下水量，差值越大，地下水水量可调节性越强，对地下水补给的敏感性越低。用单井涌水量表示含水层富水性，富水性越强，相同开采量时引起的地下水位降深越小，水位波动越不明显，水量脆弱性越低。

通过以上分析，结合研究区的实际情况，分别建立地下水水质防污性和水量脆弱性指标体系。其中水质防污性选取地下水埋深、净补给量、渗透系数、土壤介质类型、含水层厚度、土地利用类型 6 个指标；水量脆弱性选取地下水开采系数、净补给与实际开采模数差值、含水层厚度、单井涌水量 4 个指标。

9.3.3 水质防污性指标分区及等级划分

1. 地下水埋深

通辽市平原区地下水埋深分布差异性很大。根据收集到的通辽市平原区 139 眼地下水监测井数据，绘制地下水埋深等水位线，并进行空间插值。埋深大于 7m 的区域主要分布于各旗县城镇区，其中通辽市区埋深最大，已形成降落漏斗。这些区域水位主要受强烈开采影响，随着开采量的增加，水位下降。地下水埋深 4～7m 的区域分布于流经平原区的几大河流，如西辽河干流、西拉木伦河及老哈河、教来河、新开河的河谷平原区，因这些区域为主要的农灌区，农业种植需开采大量的地下水，造成埋深相对较大。通辽市地下水埋深分区如图 9-3 所示。

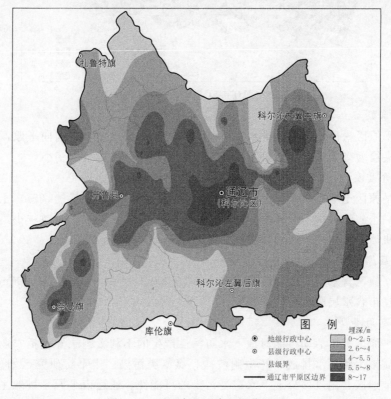

图 9-3 通辽市地下水埋深分区图

2. 净补给量

研究区地下水补给项主要包括降雨入渗、地表水入渗、农田灌溉入渗及地下水径流。本书收集到的地下水净补给数据来源于内蒙古水资源调查评价成果,以地下水资源保护规划的地下水功能区为最小单元,计算地下水净补给模数。通辽市地下水净补给模数分区如图9-4所示。

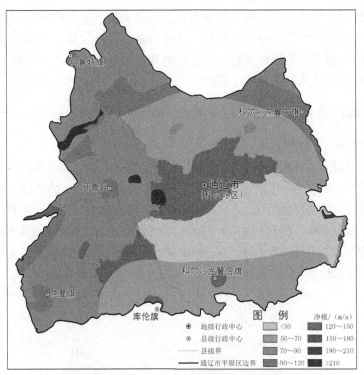

图9-4　通辽市地下水净补给模数分区图

3. 渗透系数

通辽市平原区松散岩类孔隙含水层渗透系数由西侧大兴安岭山前向平原,颗粒逐渐变细,黏性土夹层增多,厚度增大,地下水径流条件变差,渗透系数变小。

4. 土壤介质类型

通辽市平原区土壤介质类型以草甸土和风沙土为主,兼有少量盐(碱)土。土壤介质颗粒大小、黏土矿物含量、有机质等对地下水脆弱性有很大影响,颗粒越小,黏土矿物含量越多,有机质含量越高,含水量越高,地下水越不容易受到污染。

5. 含水层厚度

通辽市平原区含水层厚度以开鲁县和科尔沁交界处为中心,最厚达196m,向四周逐渐变薄。通辽市含水层厚度分区如图9-5所示。

6. 土地利用类型

通辽市平原区人类活动可能对地下水防污性产生的不利影响主要包括农业化肥施用及较大规模的城镇生活污水排放,产生硝酸盐、氨氮类污染。本书将研究区划分为农业区、城镇区和其他地区,用以区分地下水遭受污染的可能性。通辽市平原区耕地主要分布于研究区中东部西辽河、西拉沐沦河、东辽河的河谷平原,西南部养畜牧河、教来河的河谷平

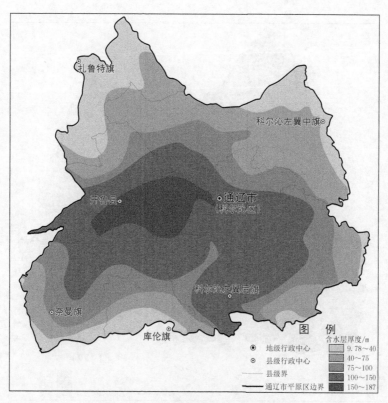

图 9-5 通辽市含水层厚度分区图

原，这些地区因施用农业化肥，可能造成面源污染；大规模的城镇区由于人口密度大，生活污水排入地下会使含水层的污染风险加大，通辽市较大规模的城镇主要是通辽市区及各旗县政府所在地。通辽市土地利用分区如图 9-6 所示。

通辽市地下水防污性评价指标等级及评分见表 9-1～表 9-6。

表 9-1	渗透系数指标等级评分表
指标/(m/d)	评分
0～5	1
5～10	2
10～20	4
20～30	6

表 9-2	土地利用类型指标等级评分表
指 标	评分
城镇	10
耕地	7
其他	3

表 9-3		净补给量指标等级评分表	
指标/(mm/km²)	评分	指标/(mm/km²)	评分
0～50	1	120～150	5
50～70	2	150～180	6
70～90	3	180～210	7
90～120	4	＞210	8

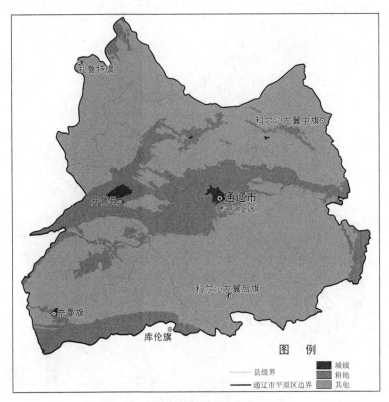

图9-6 通辽市土地利用分区图

表9-4 土壤介质类型指标等级评分表

指 标	评分	指 标	评分
薄层或缺失	10	砂质壤土	5
砾石	10	壤土	4
中砂、粗砂	9	粉质壤土	3
粉砂、细砂	7	黏质壤土	2
胀缩或凝聚性黏土	6	非胀缩和非凝聚性黏土	1

表9-5 含水层厚度指标等级评分表

指标/m	评分	指标/m	评分
<28	10	83~97	5
28~42	9	97~110	4
42~56	8	110~125	3
56~69	7	125~145	2
69~83	6	>145	1

表 9 - 6　　　　　　　　　　　　　地下水埋深指标等级评分表

指标/m	评分	指标/m	评分
<1	10	6~7	5
1~2.5	9	7~8	4
2.5~3.5	8	8~10	3
3.5~5	7	10~12	2
5~6	6	>12	1

9.3.4　水量脆弱性指标分区及等级

1. 地下水开采系数

通辽市平原区地下水是主要的供水水源，开采强度大。本书用开采系数来表示研究区地下水的开采强度，经计算，通辽市地下水开采系数大于 0.9 的区域占总面积的 91%，其中科尔沁区几乎全部超采。通辽市地下水开采系数分区如图 9-7 所示。

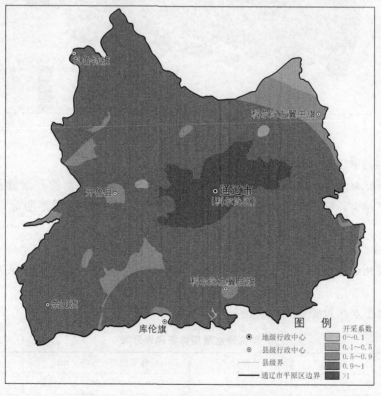

图 9-7　通辽市地下水开采系数分区图

2. 净补给与实际开采模数差

通辽市平原区地下水补给量大的地方实际开采量往往也较大，地下水水量敏感性取决于二者之差，差值越大，可用于调节的水量越充裕，本文根据内蒙古水资源调查评价成果，以地下水二级功能区为单元获得净补给和实际开采模数，二者相减。通辽市地下水净补给与实际开采模数差分区如图9-8所示。

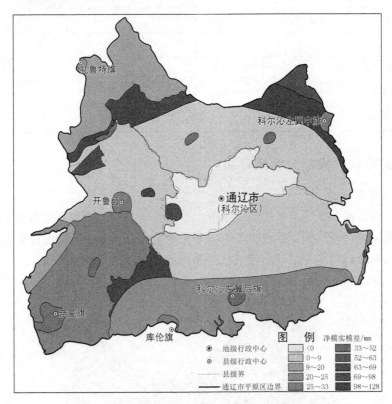

图9-8　通辽市地下水净补给与实际开采模数差分区图

3. 含水层厚度

含水层厚度对地下水水量脆弱性的影响主要表现在影响地下水的静储量和对开采的调节能力，厚度越大，储水能力越强，开采引起的地下水水量变化越不明显，水量脆弱性越低。

4. 单位涌水量

本文收集到通辽市平原区139眼监测井，用单位涌水量进行空间插值来表示研究区含水层富水性。

通辽市地下水水量脆弱性评价指标等级及评分见表9-7～表9-10。

表9-7　　　　　　　　　　　　单位涌水量指标等级评分表

指标等级/[m³/(h·m)]	评分	指标等级/[m³/(h·m)]	评分
<4	10	20～24	5
4～8	9	24～30	4
8～11	8	30～37	3
11～15	7	37～47	2
15～20	6	>47	1

表 9-8 含水层厚度指标等级评分表

指标等级/m	评分	指标等级/m	评分
<28	10	83~97	5
28~42	9	97~110	4
42~56	8	110~125	3
56~69	7	125~145	2
69~83	6	>145	1

表 9-9 开采系数指标等级评分表

指标等级	评分	指标等级	评分
<0.4	1	0.8~0.85	6
0.4~0.5	2	0.85~0.9	7
0.5~0.6	3	0.9~0.95	8
0.6~0.7	4	0.95~1	9
0.7~0.8	5	>1	10

表 9-10 净补给与实际开采模数差指标等级评分表

指标等级/(mm/km²)	评分	指标等级/(mm/km²)	评分
<0	10	33~52	5
0~9	9	52~63	4
9~20	8	63~69	3
20~25	7	69~98	2
25~33	6	>98	1

9.4 评价指标权重

评价指标的相对权重反映了各参数对地下水脆弱性的影响大小，权重越大，表明该指标的相对影响越大。评价指标权重的分配，直接影响到评价结果是否合理，在地下水脆弱性评价工作中非常关键。目前，使用的权重确定方法有专家赋分法、主成分—因子分析法、层次分析法、灰色关联度法、神经网络法、熵权法、试算法等。

基于 ArcGIS 软件的空间分析功能，对研究区进行网格剖分，取离散步长 2km×2km，通辽市平原区共划分正方形网格 10778 个，每个单元格对应一个评价单元，网格中心评价指标取值为评价单元的指标值。分别将各指标数据空间插值得到评价指标在研究区的栅格分布图，将剖分点图层与各栅格图相交，获取评价单元的评价指标取值。最后根据剖分点编码匹配，导出剖分点的所有指标值，定量指标保持原有单位和数值，定性指标根据类型不同分别用整数值表征剖分点在该单元格内的取值，通过提取剖分点指标值来进行权重分析。

9.4.1　水质防污性指标

本文在分析水质防污性各指标时，先采用主成分—因子分析法，只考虑变量之间的相互关系，将所有剖分点的定量指标数值和定性指标的表征整数值输入 Spss 19 软件中，进行标准化处理及主成分因子分析，得到各变量间相关关系，避免了人为主观因素的干扰。再根据中国地质科学研究院水文地质环境地质研究所与中国水利水电规划设计总院联合编制的《浅层地下水脆弱性评价指南》，取权重之和为 20，按求得的权重系数百分比分别乘以 20，得到地下水水质防污性各指标的权重，见表 9-11。

表 9-11　　　　　　　　　主成分—因子分析法得到防污性指标权重

指标	地下水埋深	含水层厚度	土地利用类型	土壤介质类型	净补给模数差	渗透系数
权重	6.608	4.675	3.102	2.425	1.716	1.474

主成分—因子分析法虽然能够消除人为影响，但需确保各指标表征方向与脆弱性高度一致。根据此方法得到的各指标权重相差较大，埋深对脆弱性的影响过大，渗透系数的影响过小。为了弥补全部指标定量化处理对重要评价指标的冲淡或对次要评价指标过分强调而产生的误差，可以通过参考当地的实际水文地质条件，运用经验知识构建判断矩阵，求判断矩阵的最大特征值和特征向量（即指标的权重）。建立防污性指标权重判断矩阵，见表 9-12。

表 9-12　　　　　　　　　防污性指标权重判断矩阵

指标	地下水埋深	净补给模数	渗透系数	土壤介质类型	土地利用类型	含水层厚度
埋深	1	2	2	3/2	3/2	3
净补给模数	1/2	1	2	5/4	1	3/2
渗透系数	1/2	1/2	1	1	2/3	1/2
土壤类型	2/3	4/5	1	1	5/4	2
土地利用类型	2/3	1	3/2	4/5	1	1
含水层厚度	1/3	2/3	2	1/2	1	1

用 AHP 层次分析软件进行计算，得到各指标的特征向量即权重，见表 9-13，最大特征值 6.179，$CI=0.036$，$RI=1.24$，$CR=0.029$，$CR<0.1$，一致性检验通过。

表 9-13　　　　　　　　　防污性指标权重

指标	地下水埋深	净补给模数	渗透系数	土壤介质类型	土地利用类型	含水层厚度
权重	5.5	3.52	2.1	3.34	3.06	2.48

水质防污性指数 $DI1$ 计算公式为

$$DI1=5.5D+2.48T+3.06L+3.34S+3.52R+2.1K \tag{9-1}$$

式中：D 为地下水埋深；T 为含水层厚度；L 为土地利用类型；S 为土壤介质类型；R 为净补给模数；K 为渗透系数。

研究区地下水水质防污性指数 $DI1$ 得分 42～151 分。$DI1$ 值越高，防污性能越差，反之防污性能越好。将防污性能分为 5 级：Ⅰ级，$DI1<80$，防污性能高；Ⅱ级，$80\leqslant DI1<93$，防污性能较高；Ⅲ级，$93\leqslant DI1<105$，防污性能中等；Ⅳ级，$105\leqslant DI1<118$，

防污性能较弱；V级，$DI1 \geqslant 118$，防污性能弱。

9.4.2 水量脆弱性指标

与地下水水量相关的指标很多，根据研究区特点及可获取数据情况，选择单位涌水量、净补给模数、实际开采模数、含水层厚度、开采系数来表示含水层水量的脆弱程度。但各指标之间具有一定的相关性，分析两两之间的相关程度，能够尽量避免权重分配时对指标过分强调或者削弱。因此先在 Spss 19 中对各指标进行相关性分析，再用层次分析法建立判断矩阵，最后求解权重（表 9-14），既避免了人为选取主观性强的缺点，又对指标的实际相关性做到了充分考量。

表 9-14　　　　　　　　　　　水量脆弱性指标相关性分析结果

Pearson 相关性	净补给模数/(mm/a)	实际开采模数/(mm/a)	开采系数	含水层厚度	单位涌水量
净补给模数	1	0.726	0.406	0.068	0.209
实际开采模数	0.726	1	0.837	0.227	0.160
开采系数	0.406	0.837	1	0.248	−0.029
含水层厚度	0.068	0.227	0.248	1	0.278
单位涌水量	0.209	0.160	−0.029	0.278	1

净补给模数与实际开采模数相关性很强，取二者之差来表示可用于调节的地下水量更合理。其他指标相关性较小，用层次分析法建立判断矩阵，见表 9-15。

表 9-15　　　　　　　　　　　水量脆弱性指标权重判断矩阵

指标	开采系数	净补给与实际开采模数差	含水层厚度	单位涌水量
开采系数	1	2	3/2	1
净补给与实际开采模数差	1/2	1	3/5	2/3
含水层厚度	2/3	5/3	1	1
单位涌水量	1	3/2	1	1

用 AHP 层次分析软件进行计算，得到各指标的特征向量即权重，见表 9-16，最大特征值为 4.019，$CI = 0.006$，$RI = 0.9$，$CR = 0.007$，$CR < 0.1$，一致性检验通过。

表 9-16　　　　　　　　　　　水量脆弱性指标权重

指标	开采系数	净补给与实际开采模数差	含水层厚度	单位涌水量
权重	0.32	0.162	0.249	0.269

水量脆弱性指数 $DI2$ 计算公式为

$$DI2 = 0.162M + 0.32E + 0.249T + 0.269Y \tag{9-2}$$

式中：M 为净补给模数与实际开采模数差；E 为开采系数；T 为含水层厚度；Y 为单位涌水量。

研究区地下水水量脆弱性 $DI2$ 得分 1.86～9.4 分。$DI2$ 值越高，水量脆弱性越高，反之水量脆弱性越低。将水量脆弱性分为 5 级：Ⅰ级，$DI2<5.22$，水量脆弱性低；Ⅱ级，$5.22\leqslant DI2<6.51$，水量脆弱性较低；Ⅲ级，$6.51\leqslant DI2<7.36$，水量脆弱性中等；Ⅳ级，$7.36\leqslant DI2<8.14$，水量脆弱性较高；Ⅴ级，$DI2\geqslant8.14$，水量脆弱性高。

9.5 评价结果分析及验证

9.5.1 水质防污性结果分析

从地下水水质防污性等级分区和水质防污性等级面积统计图（图 9-9）来看，地下水水质防污性由四周向中部逐渐变好。

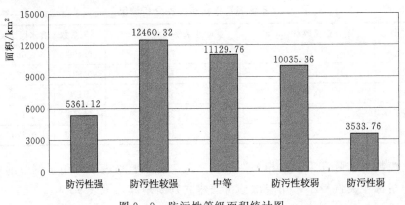

图 9-9 防污性等级面积统计图

（1）水质防污性能弱及较弱地区主要位于研究区东南部库伦旗沿柳河水系一带、奈曼旗西部南部、科左后旗东部金宝屯、向阳乡、双胜一带及扎鲁特旗在平原的大部，分布面积 1.36 万 km^2，占总面积的 31.9%。这些区域为山区向平原的过渡地带，地下水埋深较浅，污染物易于进入含水层，含水层结构单一，岩性主要为中粗砂、中细砂，渗透性强，利于污染物的扩散。同时这些地区含水层厚度相对较薄，污染物的稀释能力较差，对外界污染的敏感性强。

（2）水质防污性能强及较强地区主要位于研究区的中部，包括开鲁县和科尔沁区大部、奈曼旗中部和北部与开鲁交界地区、科左后旗中北部、科左中旗架玛吐镇和舍伯吐镇周边，分布面积 1.78 万 km^2，占总面积的 41.9%。这些区域地下水埋深较大，部分地区埋深达 10m 以上，地表土壤岩性多为粉砂、黏质壤土，有些区域含水层夹有黏性土层，天然防护能力较好。在开鲁县和科尔沁区交界处的平原沉积中心，含水层厚度达 196m，对污染物的敏感性较低。

（3）水质防污性能中等地区在各旗县均有分布，较大面积的在科左后旗东部及西南部，分布面积 1.11 万 km^2，占总面积的 26.18%。含水层厚度界于 70～120m，岩性以粉砂、细粉砂为主，埋深界于 2～6m，渗透性中等，对地下水的敏感程度一般。

9.5.2 水量脆弱性分析

从地下水水量脆弱性等级分区和水量脆弱性等级面积统计图（图 9-10）来看，地下水水量脆弱性由东部平原向西部山前平原逐渐变好。

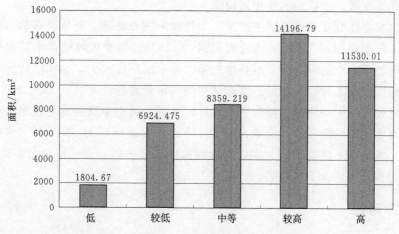

图 9-10　地下水水量脆弱性等级面积统计图

（1）水量脆弱性高及较高地区分布广泛，主要位于研究区西北部及南部与山丘区过渡带、科左中旗中东部、科尔沁区余粮堡镇—唐家窝堡—木里图镇—市辖区—孔家窝堡一带及科左后旗大部，分布面积 2.555 万 km²，占总面积的 60.09%。通辽市水量脆弱性分区如图 9-11 所示。补给方面，上游地表水不合理的利用与截夺减少了下游的水量，一定时间段内地下水补给由线状转为点状，补给相对较少。同时这些区域含水层厚度相对较薄，

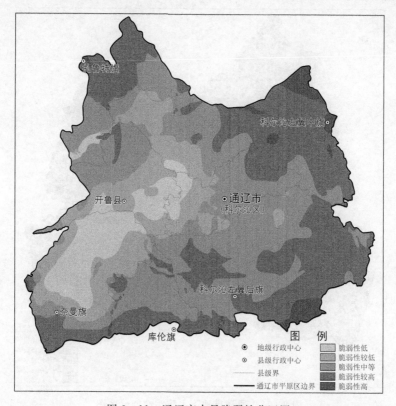

图 9-11　通辽市水量脆弱性分区图

含部分黏性土夹层分布，单井涌水量普遍较低，开采系数多大于0.9，地下水的供水能力差，水量可调节性低，水量脆弱性相对较高。

（2）水量脆弱性低及较低地区主要位于奈曼旗中部和北部、开鲁县东部、南部及科左中旗东北部，分布面积8669km²，占总面积的20.39%。这些区域地表水被大量利用转为地下水，使得地下水位抬升，地下水补给充裕。含水层厚度较大，结构由较为单一的中细砂组成，其间少有或无黏性土夹层，富水性很强，水量脆弱性低。

（3）水量脆弱性中等地区主要位于科左后旗北部、科左中旗西南与科尔沁交界一带以及奈曼旗东部临近库伦旗一带，分布面积8301km²，占总面积的19.52%。这些区域由地表转为地下，水量在上游与下游之间，含水层厚度界于中等，含水层由单一向多层转变，富水性一般，部分地区地下水超采。

9.5.3 结果验证

1. 水质防污性脆弱性结果验证

本次研究收集了通辽市平原区地下水水质样本来验证地下水水质防污性评价结果，通辽市地下水防污性能分区如图9-12所示。由于研究区面积较大，数据收集存在一定困难，共收集到19个水质样本，其中水质超标点12处。包括细菌总数超标点2个，氟化物超标11处，铁锰超标共10处（研究区含水层介质中富含铁锰，铁锰属背景值超标，主要统计除铁锰之外的水质超标情况）。氟化物超标点分布于舍伯吐镇与道兰套布公社牧场之

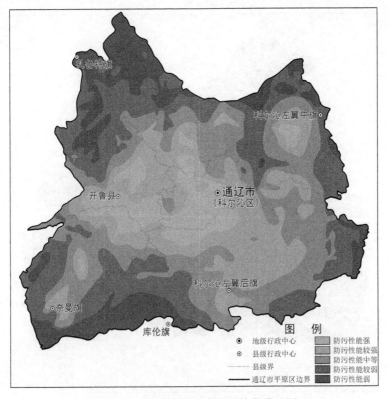

图9-12 通辽市地下水防污性能分区图

间，科尔沁余粮堡镇、奈曼旗东明镇、科左中旗门达镇和腰林毛都镇、科左后旗双胜镇，2个细菌总数超标点分别位于奈曼旗哈日特斯格（防污性指数121）和科尔沁区余粮堡镇（防污性指数76），见表9-17。

表9-17   氟化物超标点位置统计

防污性指数值（$DI1$）	地点
116.04	通辽市科尔沁左翼后旗胜利农场六分场
120.06	通辽市科尔沁左翼后旗原种场一分场
110.54	通辽市科尔沁左翼后旗原种场三分场
65.88	通辽市奈曼旗东明镇上奈林村
73.46	通辽市科尔沁区余粮堡镇盖家村
75.94	通辽市科尔沁区余粮堡镇天庆东
84.08	通辽市科尔沁左翼中旗门达镇门达
85.68	通辽市科尔沁左翼中旗南塔林艾勒
95.08	通辽市科尔沁左翼中旗腰林毛都西
97.30	通辽市科尔沁左翼中旗忙森套布村
79.88	通辽市科尔沁左翼中旗腰林毛都镇

提取超标样本的防污性指数值，大于100的样本有4个，取值为80～100的样本个数有4个，取值为70～80的样本占3个，小于70的样本只有1个。总体来说，超标点的水质防污性指数值较大，取样地区的污染概率大，样本与评价结果一致性较强。

2. 水量脆弱性结果验证

选取地下水年际埋深变化作为水量脆弱性评价结果的验证依据，认为埋深年均变化越大，水位波动越明显，水量脆弱性越高。收集了2008—2012年通辽市观测井地下水埋深数据，统计地下水埋深年际平均变化值与对应的水量脆弱性指数的相关性，随埋深年际变化值增大，水量脆弱性指数总体呈小幅上升趋势，如图9-13所示。用地下水埋深年均变化来验证水量脆弱性存在一定的合理性，但相关性不够强，在评价指标选取或权重确定过程中可做适当改进。

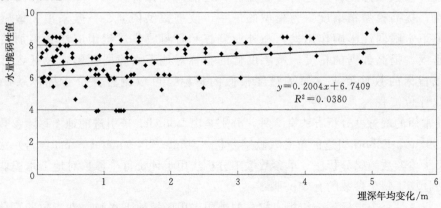

图9-13 水量脆弱性与埋深年均变化相关性统计图

通辽市地下水防污性与水量脆弱性对比如图 9 - 14 所示。

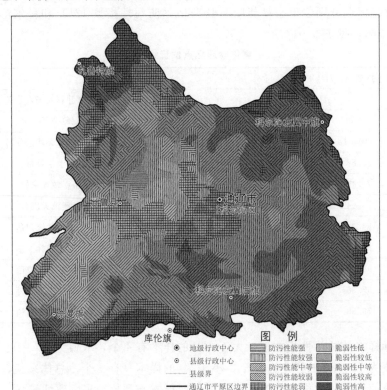

图 9 - 14　通辽市地下水防污性与水量脆弱性对比图

9.6　敏感度分析

对影响地下水脆弱性的因素进行敏感度分析，讨论各指标参与评价的必要性，判断某一地区对地下水脆弱性影响高低的指标，也是对选取指标体系合理性与否的检验。通过对参数敏感度分析进行参数筛选，还能简化评价模型，降低参数的不确定性和盲目性，提高模型精确度，为模型的进一步改进提供依据。一般来说，敏感度高的指标对地下水脆弱性影响作用大，在外业调查和资料收集过程中应注意多加关注，增加采样密度，提高数据的精度。敏感度低的指标对地下水脆弱性影响较低，可以适当放松对该指标的数据要求。如敏感度很低的指标，可以调整评价指标体系，将其剔除，简化评价流程。

目前常用的敏感度分析方法有 2 种，分别是由 Lodwich 等引进的地图移除参数分析法和 Napolotano、Fabbri 引进的单参数敏感分析（Single - Parameter Sensitivity）法。本次研究选用了单参数敏感分析法。单参数敏感分析法用于评价每个参数对地下水脆弱性的影响，方法计算了每个参数的有效权重。

有效权重是每个指标评分和相应权重的乘积占用区域地下水脆弱性指数的百分比，计算公式为

$$W = \frac{P_{\rm r}P_{\rm w}}{V} \times 100\%$$
(9-3)

式中：W 为每个参数的有效权重；$P_{\rm r}$、$P_{\rm w}$ 为每个参数的等级评分和权重；V 为脆弱性指数值。

在 ArcGIS 中用栅格计算器分别计算地下水防污性指标和水量脆弱性指标的敏感度指数。

9.6.1　水质防污性敏感度分析

地下水水质防污性敏感度分析结果见表 9-18。由计算结果可知，地下水水质防污性平均有效权重从大到小依次为地下水埋深、土壤介质类型、含水层厚度、土地利用类型、净补给量、渗透系数。敏感度分析结果表明，地下水埋深（有效权重平均值为39.27%）是地下水脆弱性最敏感的因素，其次为土壤介质类型（有效权重平均值为20.51%）。含水层厚度、土地利用类型和净补给量对地下水的敏感度接近，平均有效权重分别为13.38%、12.86%和9.95%。渗透系数对地下水水质防污性的敏感度最低。其中净补给模数的敏感度较权重差别很大，可能与获取数据的精度有关，净补给模数的统计口径为内蒙古松辽流域地下水资源公报及功能区划分结果，净补给包括了降雨入渗、河道渗漏、井灌回归、湿地水库渗漏等，而净补给量中与地下水防污性有关的主要是降雨入渗补给携带的污染物质，用总补给代替降雨补给可能存在精度上的误差，精度不够，导致敏感性大大降低。

表 9-18　　　　　　　　　　水质防污性指标敏感度分析结果

参　　数	有效权重/%			
	最小	最大	平均值	标准差
地下水埋深	5.84	65.18	39.72	8.84
净补给模数	2.85	31.9	9.95	4.92
渗透系数	1.51	14.18	3.75	2.23
土壤介质类型	4.82	54.45	20.51	5.97
土地利用类型	6.58	48.99	12.86	6.3
含水层厚度	2.12	33.52	13.38	5.98

9.6.2　水量脆弱性敏感度分析

地下水水量脆弱性敏感度分析结果见表 9-19。由计算结果可知，地下水水量脆弱性平均有效权重从大到小依次为开采系数、单位涌水量、含水层厚度、净补给模数与实际开采模数之差。敏感度分析结果表明，开采系数（有效权重平均值为39.97%）是地下水脆弱性最敏感的因素，其反映了地下水的开发利用情况，水量对其敏感性最强。其次为单位涌水量（有效权重平均值为27.57%），反映了含水层的富水性。含水层厚度、净补给模数与实际开采模数之差对水量敏感性较低，平均有效权重分别为 17.72％和 16.74％。总体来说，水量脆弱性敏感度分析结果与权重一致性较好，说明指标在选取和权重分配时比较合理。

表 9－19 水量脆弱性敏感度分析结果

参　数	有效权重/％			
	最小	最大	平均值	标准差
开采系数	6.53	65.9	37.97	6.81
净补给模数与实际开采模数差	2.27	27.03	16.74	4.83
含水层厚度	3.32	41.25	17.72	8.1
单位涌水量	4.79	61.07	27.57	6.72

9.7 结论

（1）本次研究通过对地下水脆弱性概念的理解，认为地下水脆弱性应包括水质防污性和水量脆弱性两个方面，再根据对研究区了解和可获取数据情况，分别建立了地下水水质防污性和水量脆弱性评价指标体系。其中水质防污性选取：地下水埋深、净补给模数、渗透系数、土壤介质类型、含水层厚度、土地利用类型 6 个指标；水量脆弱性选取：开采系数、净补给模数与实际开采模数之差、含水层厚度、单位涌水量 4 个指标。

（2）基于 ArcGIS 的空间分析，采用叠置指数法评价了通辽市平原区地下水脆弱性，评价结果显示研究区地下水水质防污性能较好，地下水水量脆弱性由于大量开采，敏感度较高。地下水水质防污性在平原区由四周向中部逐渐变好，水质防污性能弱及较弱地区分布面积 1.36 万 km²，占总面积的 31.9％；水质防污性能强及较强地区分布面积 1.78 万 km²，占总面积的 41.9％；水质防污性能中等地区分布面积 1.11 万 km²，占总面积的 26.18％。地下水水量脆弱性总体处于较高及高水平，由东部平原向西部山前平原逐渐变好，水量脆弱性高及较高地区分布广泛，分布面积 2.555 万 km²，占总面积的 60.09％；水量脆弱性低及较低地区分布面积 8669km²，占总面积的 20.39％；水量脆弱性中等地区分布面积 8301km²，占总面积的 19.52％。

（3）对评价结果进行验证，用采样点水质数据验证水质防污性评价结果，总体来说，超标点的水质防污性指数值较大，取样地区的污染概率大，样本与评价结果一致性较强。用地下水埋深年均变化量验证水量脆弱性评价结果，随埋深年际变化值增大，水量脆弱性指数总体呈小幅上升趋势，但相关性不够强，在评价指标选取或权重确定过程中可做适当改进。

（4）对影响地下水脆弱性的因素进行敏感度分析，讨论各指标参与评价的必要性。分析结果显示：地下水水质防污性平均有效权重从大到小依次为地下水埋深、土壤介质类型、含水层厚度、土地利用类型、净补给模数、渗透系数；地下水水量脆弱性平均有效权重从大到小依次为开采系数、单位涌水量、含水层厚度、净补给模数与实际开采模数差，其中净补给模数的敏感度较权重差别很大，可能与获取数据的精度有关。水量脆弱性指标敏感度分析结果与权重一致性较好，说明指标在选取和权重分配时比较合理。

第10章 呼伦贝尔示范应用

10.1 研究区概况

10.1.1 自然地理

呼伦贝尔高平原位于内蒙古自治区东北部，北纬 $47°38'\sim49°58'$，东经 $116°10'\sim120°11'$，北以额尔古纳河为界与俄罗斯接壤，南抵蒙古人民共和国，西邻呼伦湖，东连鄂温克族自治旗。面积约 3.72 万 km²，占自治区总土地面积的 3.14%，行政区划包括海拉尔区、鄂温克自治旗、陈巴尔虎旗、新巴尔虎右旗、新巴尔虎左旗及满洲里市。呼伦贝尔行政区划如图 10-1 所示。

图 10-1 呼伦贝尔行政区划图

10.1.2 地形地貌

地形地貌形态成因是长期地质作用在地形上的表现，研究区以外营力地质作用为主，内营力地质作用次之，根据海拔高程、地貌形态组合特征及地形切割程度将区内的地形地貌划分为以下几种类型：

1. 构造剥蚀地形

构造剥蚀地形主要为低山丘陵地形，研究区中部有零散分布，呈波浪状自西北向东南降低，海拔高程一般为 550～860m，地形切割微弱，河谷宽而谷底平，地形较缓，主要由中生代火山岩、火山凝灰岩和新生代砾岩组成。

2. 剥蚀堆积地形

剥蚀堆积地形主要为遍布研究区境内的广大高平原地区，地面呈波状起伏，由东南向西北微倾斜，海拔为 550～850m，地面少有切割，仅于河谷上游谷坡地带有少而疏的浅切割拗沟，由第四系中下更新统黄土状亚砂土、砂、砂砾石及前第四系砂岩、泥岩组成。

3. 堆积地形

堆积地形包括海拉尔河、伊敏河、辉河、乌尔逊河等河谷平原，乌尔逊河以东冰水冲积平原，高平原上的风积砂地等。

(1) 河谷平原。区内各河河谷平原中只有海拉尔河河谷平原由二级阶地、一级阶地以及河漫滩组成，其他各河谷平原只有一级阶地及河漫滩，无二级阶地，现分述如下：

1) 海拉尔河河谷平原。海拉尔河二级阶地在南岸连续分布，北部局部地段地段呈基座阶地出现，地形稍有起伏，东段海拔 630m 左右，西段海拔 600m 左右，主要由中更新统冲积细砂组成；海拉尔河一级阶地沿海拉尔河河谷断续分布，上游海拔 600～610m，下游海拔 560～580m，主要由上更新统冰水堆积砂砾石组成；海拉尔河河漫滩沿海拉尔河两岸呈条带状分布，漫滩宽一般为 0.5～3km。

2) 伊敏河及辉河河谷平原。伊敏河及辉河一级阶地沿河谷两岸断续分布，上游海拔 800m，下游海拔 670m，阶面平坦，由上更新统冰水冲积砂砾石组成；伊敏河与辉河河漫滩呈条带状分布于河床两岸，漫滩宽一般为 0.5～2km，最宽达 10km，主要由全新统冲积砂、砂砾石组成。

3) 乌尔逊河河谷平原。乌尔逊河河漫滩沿河床两岸分布，由于河曲发育，漫滩表面被切割得支离破碎，其上分布有沼泽湿地、古河道及牛轭湖，地面高程 544～585m，宽 3～5km。

(2) 冰水冲积平原。分布在研究区内乌尔逊河以东、乌兰诺尔以南的冰川谷地中，海拉尔河西南乌力吉图一带及呼伦湖两岸也有分布。乌尔逊河以东、乌兰诺尔以南一带为冰川谷地，谷地两侧均为高平原陡坝，谷底平坦，横断面形状呈"U"形谷，地面高程北部 550m，向南逐渐变高，为 570～580m，主要由冰后期的冰、冰水堆积物组成；乌力吉图一带及呼伦湖两岸呈现为冰成阶地，海拔 550～560m，宽 2～10km，阶地由晚冰期冰、冰水堆积物组成。

(3) 风积砂地。主要分布在研究区境内高平原及海拉尔河二级阶地上，呈链状、垄状东西向长条展布，由砂丘、砂岗、砂垄组成，其间多有风蚀洼地、单体砂丘，呈北西—南东向，主要由第四系全新统中细砂组成。

10.1.3　气象

研究区地处温带北部，属干旱中温带大陆性气候，气温较低，气候特点表现为春季干燥多风，夏季温热多雨，秋季凉爽晴朗，冬季严寒少雪。

据区内多年气象站资料，多年平均气温 $-3\sim0℃$，年极端最高气温 $37\sim40℃$，年极端最低气温 $-46\sim-38℃$，四季温差较大，多年平均降水量 $250\sim350mm$，多年平均蒸发量 $1000\sim2000mm$，降水量自东向西逐渐递减，蒸发量自东向西逐渐增大，区内春秋两季多西风和西南风，风速约为 $5.5m/s$，冬季多西北风，夏季多东南风，年平均风速为 $3.5m/s$，研究区内霜冻较早，初霜期为 9 月初至中旬，终霜期为第二年 5 月底到 6 月初，结冰期一般在 10 月中下旬至第二年 4 月底。

10.1.4　水文

研究区内主要河流有海拉尔河、伊敏河、辉河、乌尔逊河，均属额尔古纳河（黑龙江上游）水系。

海拉尔河是额尔古纳河的上游，发源于大兴安岭西侧的古利牙山，自东向西流入区内，在区内为海拉尔河的中下游段，该河断面最宽时为 290m，最大流量 $129.00m^3/s$，最窄时为 13.5m，枯季流量为 $0.028\ m^3/s$，多年平均流量为 $84.21m^3/s$。

伊敏河是海拉尔河的最大支流，发源于蘑菇山，自南向北流经高平原东缘，于海拉尔市北汇入海拉尔河，多年平均流量为 $21.53m^3/s$，洪水期最大流量为 $515.00m^3/s$。

辉河是伊敏河的支流，发源于大兴安岭的乌月根山，河道呈近似 S 形，流经高平原腹部，于巴彦塔拉东北汇入伊敏河。

乌尔逊河连通贝尔湖和呼伦湖，使贝尔湖水泄于呼伦湖，多年平均流量为 $25.37m^3/s$，平均径流量为 8.00 亿 m^3/a，最大洪峰流量约为 $130.00m^3/s$，多年平均最小流量为 $10m^3/s$。

10.1.5　社会经济

研究区内草原辽阔，牧草丰盛，加之区内的地貌形态特征，造成了呼伦贝尔高平原地区极具魅力的旅游景观，供中外游客观光游览，拉动了该区的旅游业发展；同时，呼伦贝尔高平原区也是著名的草原畜牧业基地，草场资源丰富，为发展畜牧业提供了有利条件，喂养牲畜有牛、羊、马、骆驼等。

此外，研究区内矿产资源丰富，主要有煤、石油、铜、铂、灰石、沸石、锌、硫、铁、硅砂、石膏、盐、芒硝、碱、萤石、珍珠岩等，目前建立有烧炭、发电、造纸、化工、建材、酿酒、鱼类加工、地毯、皮毛、皮革、塑料、针织、食品等工业企业，工矿业发展较为迅速。

10.2　区域地质及水文地质条件

10.2.1　地层条件

1. 前第四纪地层

中生界侏罗系上统（J_3）地层在研究区内发育，由两套地层组成。陆相火山喷发的酸性—中性、基性—酸性熔岩及凝灰岩在高平原区内残山、残丘处零星分布，主要岩性有凝灰岩、流纹岩、安山岩等，厚度1300～2200m；内陆河湖相沉积的砂砾岩、火山熔岩及凝灰岩地层分布于研究区中部北东向盆地中，厚度200～240m。

2. 第四纪地层

区内第四纪地层分布广泛，现将区内地层按从老到新的顺序划分如下：

（1）下更新统（Q_1）。

1）阿尔善组（Q_1a）。分布于中部高平原地区，在高平原的陡坎处有零星出露，与下伏地层不整合接触，沉积厚度10～25m，沉积物由灰白色—姜黄色砂砾石、砾石层、含砾砂层间夹黏土、细砂透镜体组合而成。

2）辉河口组（Q_1^{2d+pl}）。分布极其普遍，高平原上均有揭露，沉积厚度5～6m，堆积物为一套砖红色黏土、亚砂土夹砂层组成，间夹砂、砂砾石透镜体，富含钙质、石膏及锰结核。

（2）中更新统（Q_2）。

1）海拉尔组（Q_2^1h）。分布在广大高平原顶部，其上常覆盖有全新统风积砂层，沉积厚度5～10m，堆积物下部为灰黄色—浅黄色中细砂、砂砾石夹黄绿色黏土透镜体；上部为褐黄色黄土状亚砂土，局部可见粉土，二者呈过渡关系。

2）嵯岗组（Q_2c^{2al}）。嵯岗组是海拉尔河两岸的二级阶地的组成物，沉积厚度在嵯岗镇一带为5～10m，下部为灰黄色—杂色砂砾石层，分选磨圆良好；上部为棕黄色—灰黄色粉细砂层，水平层理发育。

（3）上更新统（Q_3）。

1）下部冰渍冰水堆积物（$Q_3^{1gl+fgl}$）。主要分布在区内倾斜平原和各大河流的漫滩及支谷中，岩性为黄、灰黄、棕黄色泥砾、含黏土砂砾石、砂砾石、含砾粗砂、中细砂、亚黏土、亚砂土及薄层黏土，沉积厚度2～28m，为区内较好的第四系含水岩组。

2）中部冲积湖积层（Q_3^{2al+l}）。主要见于倾斜平原及个别沟谷中，由灰、灰黄色、褐色及黑色亚黏土、淤泥质亚黏土、含砂砾亚黏土、亚砂土、黏土质中粗砂、含黏土中粗砂、含黏土砂砾石、中细砂、含砂砾黏土、细砂、砂砾石组成，沉积厚度1～33m。

3）上部冰水堆积层（Q_3^{3fgl}）。分布在区内各大河流的一级阶地及乌尔逊河之东冰成谷地中，沉积厚度8～23m，堆积物由黄色砾石层、砂砾石层及含砾砂层组成。

（4）全新统（Q_4）。

1）冲积层（Q_4^{al}）。分布在海拉尔河、辉河、乌尔逊河河漫滩中，可见两层，上层为灰褐黄色亚砂土夹薄层砂，厚2～3m；下层为灰黄色砂砾层，厚2～3m。

2）冲积及沼泽沉积（Q_4^{al+h}）。分布于辉河河漫滩中，上部为黑色薄泥炭、亚黏土；下部为灰黄色细砂层，厚2～5m。

3）湖积层（Q_4^l）。分布在呼伦湖两岸，主要由分选良好的浅黄色细砂组成。

4）风积层（Q_4^{eol}）。主要分布在研究区的各条砂带中，在海拉尔河北岸也有零星分布，岩性由米黄色—褐黄色粉细砂组成，厚5～10m。

10.2.2　水文地质条件

10.2.2.1　地下水类型及含水层富水性

本文以高平原区潜水为评价对象，根据地下水的赋存条件及水力特征，将研究区内地下水划分为两个基本类型：松散岩类孔隙水和基岩裂隙水。呼伦贝尔区域地下水类型和富水性分区如图 10-2 所示。

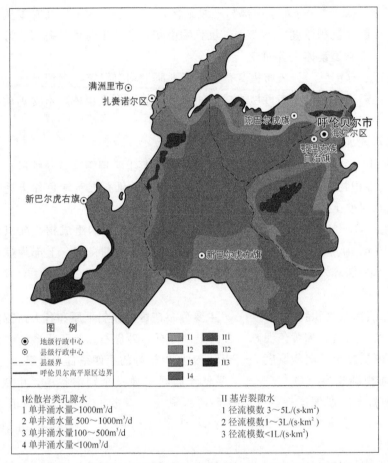

图 10-2　呼伦贝尔区域地下水类型和富水性分区

1. 松散岩类孔隙水

松散岩类孔隙水主要分布于河谷平原及其支谷、高平原区中，含水层由砂、砂砾石、含黏土砂砾石组成。

（1）河谷平原孔隙潜水。

1）海拉尔河河谷平原孔隙潜水。水量丰富的地段分布在区内海拉尔河中游河谷平原中，含水层组由上更新统冰水堆积砂砾石及全新统冲积砂、砂砾石组成，含水层厚度 8～25m，单井涌水量普遍大于 $1000m^3/d$，渗透系数 50～360m/d；水量较丰富的地段分布在海拉尔河东乌珠尔至嵯岗段河谷平原中，第四系总厚度达 85～90m，单井涌水量一般为 500～$1000m^3/d$。

2）伊敏河河谷平原孔隙潜水。水量较丰富的地段分布在红花尔基至鄂温克旗南屯的伊敏河河谷平原，含水层组由上更新统冰水堆积、全新统冲积砂及砂砾石组成，总厚度10～20m，单井涌水量500～1000m³/d；水量中等的地段分布在伊敏河红花尔基以南的上游河谷平原，含水层岩性为细砂及含砾中细砂，厚度2～10m，单井涌水量为100～500m³/d。

3）辉河河谷平原孔隙潜水。水量中等的地段分布在辉河林场以东的河谷平原中，含水层组由上更新统冰水堆积、全新统冲积砂及砂砾石组成，厚度5～10m，单井涌水量100～500m³/d；水量贫乏的地段分布在辉河林场以西的辉河下游段河谷平原中，含水层组由全新统冲积和上更新统冰水堆积砂、砂砾石组成，厚5～15m，单井涌水量一般小于100m³/d。

4）乌尔逊河河谷平原潜水。水量中等的地段分布在乌尔逊河堆积阶地及河漫滩中，含水层组由全新统冲积砂及砂砾石组成，含水层厚2～3m，单井涌水量100～500m³/d，由南向北逐渐减少，局部地段小于100 m³/d。

（2）高平原孔隙潜水。水量中等的地段不连续分布在高平原的西部、西南部，在贝尔湖—乌兰诺尔—乌尔逊河的三角地带，含水层为下更新统冰水堆积砂、砂砾石，含水层厚度5～10m，单井涌水量100～500m³/d，在甘珠尔庙至新宝力格连线以南，含水层组由下更新统冰水砂砾石层和中更新统冰水含砾细中砂层组成，含水层总厚度10～25m，单井涌水量10～500m³/d，在甘珠尔庙至甘珠尔花的冰蚀谷地及呼伦湖南部一带，含水层由上更新统冰水堆积砂、砂砾石、砾石组成，单井涌水量100～500m³/d；水量贫乏的地段分布在乌尔逊河以东的狭长地带及冰蚀谷地中，含水层组由下更新统冰水堆积砂、砂砾石及上更新统冰水堆积砂砾石层组成，厚度5～10m，单井涌水量小于100m³/d，高平原中部和东部大部分地区分布有不连续的潜水，含水层由下更新统冰水堆积砂砾石和中更新统冰水堆积含砾细砂组成，厚度10m左右，单井涌水量小于100m³/d。

2. 基岩裂隙水

在高平原区内零星分布，主要为风化带网状裂隙水，含水层由流纹岩、安山岩和凝灰岩组成，由于岩石裸露，不利于大气降水补给，地下水径流模数多小于1L/(s·km²)，水位埋深一般小于10m。

10.2.2.2　地下水补给、径流、排泄条件

研究区北、东、西三面由低山丘陵环绕，区内地下水主要靠大气降水补给，高平原南部边界虽接受地下水侧向补给，但由于水力坡度较小，侧向补给比较微弱，地下水的径流和排泄受各种自然因素的制约，在区内不同的区域表现出不同的径流-排泄特征。本部分以潜水为评价对象，现将其补给、径流、排泄特征分述如下。

1. 高平原孔隙潜水

对高平原区孔隙潜水来说，其主要补给来源于大气降水，南部边界的孔隙潜水则接受贝尔湖和哈拉哈河地表水的侧向补给；但是在含水层潜水面高于地表水位的地带，则无法接受地表水的侧向补给。高平原区内的潜水分布不连续，没有统一的径流场，有的通过地下径流排泄到河中，有的以泉的形式出露形成小溪补给河水，有的溢出地表汇入积水湖泡，还有的通过毛细作用上升到地表蒸发排泄。高平原上的孔隙潜水因其所处的地貌位置

不同，径流、排泄特征各异。

2. 河谷平原孔隙潜水

区内河谷平原的松散岩类孔隙潜水，在基岩山区段的河谷平原，主要接受大气降水补给及两侧基岩裂隙水的地下径流侧向补给，顺河谷平原往下游方向径流；在高平原区段的河谷平原的补给、径流、排泄方式各异。

海拉尔河河谷平原在东乌珠尔以上段，地下水补给河水；而在东乌珠尔以下段地下水则接受河水的补给；辉河河谷平原中，河水对地下水的补给比较明显；伊敏河河谷平原在高平原则接受基岩裂隙水的补给，同时接受高平原孔隙潜水的补给，丰水期还接受伊敏河河水的补给以及大气降水补给；乌尔逊河河谷平原主要接受大气降水补给以及两侧高平原孔隙潜水的地下径流侧向补给。

区内河流较为发育，有的河谷切割不同时代的承压含水层，故承压水与河水及河谷平原孔隙潜水之间有着密切的水力联系。当承压水的水头高于河谷平原孔隙潜水水位或河水面时，承压水补给河谷平原孔隙潜水或河水；反之，河谷平原孔隙潜水或河水补给承压水。此外，高平原区松散岩类孔隙潜水与碎屑岩类承压水含水层之间的越流补给也是存在的。

10.2.2.3 地下水水化学特征

研究区潜水水化学类型具有一定的水平分带性，这一点和区域内地下水的补给区、径流区和排泄区的分布是一致的，其主要离子含量也随此呈现规律性变化。在部分高平原补给径流区的地下水，由于径流过程短，且水力坡度相对较大，地下水化学类型多为重碳酸型水，矿化度小于 1g/L；在各大河谷漫滩一带的地下水，由于地表水系发育，水交替作用较为强烈，地下水中的阴、阳离子含量较低，为重碳酸钠型水，矿化度小于 1g/L；在广大高平原地区，地下水受地形起伏控制，径流较差，离子含量较高，多为重碳酸硫酸氯化物或重碳酸氯化物型水，矿化度为 1～3g/L；分布于研究区内冰蚀谷地及盐沼地的地下水水化学类型多为氯化物型水，矿化度大于 3g/L。现分述如下：

(1) HCO_3 - NaCa 型水。主要分布在海拉尔河及乌尔逊河等河谷区，岩性主要为砂性土，孔隙大，与地表水的交替作用强烈，Na^+、Ca^+ 的主要来源是阳离子的交替吸附作用；此外，在高平原区的一些风积砂地区，地下水化学类型也为 HCO_3 - NaCa 型水，这是因为风积砂透水性强，地下水淋滤作用强烈，易溶组分被带走，只剩下难溶的重碳酸盐的缘故。该类型地下水矿化度多为 0.1～0.3g/L。

(2) HCO_3 - Na 型水。主要分布在伊敏河以西、新宝力格以南的高平原区，含水层岩性主要为砂、中细砂、粉细砂及亚砂土等，透水性相对较弱，地下水径流缓慢，阳离子交替吸附作用强烈，吸附能力弱的 Na^+ 易被交换出来，形成 HCO_3 - Na 型水，矿化度小于 1g/L。

(3) HCO_3SO_4Cl - Na 型水。主要分布在额尔古纳河东侧平原区，多属地下水的排泄区，含水层岩性主要为亚砂土、亚黏土，透水性弱，地下径流条件差，蒸发浓缩作用强烈，各种离子富集，故形成 HCO_3SO_4Cl - Na 型水，矿化度为 0.5～3g/L。

(4) HCO_3Cl - Na 型水。广泛分布于呼伦湖南部、东部及广大高平原区，受地形控制，径流较差，利于各种离子的汇集，且该区地下水位埋深较浅，蒸发浓缩作用强烈，故形成 HCO_3Cl - Na 型水，矿化度为 1～3g/L。

(5) Cl-Na 型水。主要分布在乌尔逊河东冰蚀谷地及盐沼低地一带，含水层岩性为亚砂土，地形低洼，地表多盐湖，为当地地下水排泄区，蒸发作用是其主要的地下水排泄方式，地下水循环条件极差，易溶氯盐大量富集，加上阳离子交替吸附作用，吸附能力差的 Na^+ 易被交换出来，故形成 Cl-Na 型水，矿化度大于 3g/L。

10.3 水资源及开发利用现状

2012 年研究区旗县总供水量为 4.75 亿 m^3，地表水供水量约为 1.92 亿 m^3，地下水供水量约为 2.83 亿 m^3。其中，满洲里市地表水供水量为 948 万 m^3，地下水供水量为 2856 万 m^3，总供水量为 3804 万 m^3，地下水占总供水量的 75.08%；新巴尔虎左旗地表水供水量为 1.35 亿 m^3，地下水供水量为 2092 万 m^3，总供水量为 1.56 亿 m^3，地下水占总供水量的 13.42%；新巴尔虎右旗地表水供水量为 2630 万 m^3，地下水供水量为 1400 万 m^3，总供水量为 4030 万 m^3，地下水占总供水量的 34.74%；陈巴尔虎旗地表水供水量为 251.6 万 m^3，地下水供水量为 6747.4 万 m^3，总供水量为 6999 万 m^3，地下水占总供水量的 96.41%；海拉尔区地表水供水量为 1 万 m^3，地下水供水量为 9808 万 m^3，总供水量为 9809 万 m^3，地下水占总供水量的 99.92%；鄂温克族自治旗地表水供水量为 1860 万 m^3，地下水供水量为 5402 万 m^3，总供水量为 7262 万 m^3，地下水占总供水量的 74.39%（表 10-1）。

表 10-1　　　　　　　　　2012 年研究区旗县分区供水量　　　　　　　单位：万 m^3

县级行政区	地表水供水量				地下水供水量			总供水量
	蓄水	引水	提水	小计	浅层水	深层水	小计	
满洲里市			948	948	2856		2856	3804
新巴尔虎左旗	190	13300		13490	2092		2092	15582
新巴尔虎右旗		2630		2630	1400		1400	4030
陈巴尔虎旗		252		252	6747		6747	6999
海拉尔区			1	1	9808		9808	9809
鄂温克族自治旗	210	1650		1860	5402		5402	7262

2012 年研究区旗县总用水量为 4.79 亿 m^3，地下水用水量约为 2.83 亿 m^3，占总用水量的 59.08%。其中，农业灌溉用水 3035 万 m^3，林牧渔业用水 7399 万 m^3，工业用水 2.03 亿 m^3，城镇公共用水 923 万 m^3，居民生活用水 2567 万 m^3，生态用水 1.36 亿 m^3。具体各旗县分区用水量见表 10-2。

表 10-2　　　　　　　　　2012 年研究区旗县分区用水量　　　　　　　单位：万 m^3

县级行政区	农业灌溉用水量	林牧渔业用水量	工业用水量	城镇公共用水量	居民生活用水量	生态用水量	总用水量
满洲里市	742 (231)	362 (362)	1409 (1137)	382 (382)	744 (744)	165 (—)	3804 (2856)
新巴尔虎左旗	20 (20)	1598 (1409)	567 (567)	19 (19)	76 (76)	13302 (2)	15582 (2092)
新巴尔虎右旗	210 (210)	1302 (640)	2713 (450)	26 (10)	100 (80)	49 (10)	4400 (1400)
陈巴尔虎旗	114 (114)	1891 (1644)	4841 (4841)	8 (4)	134 (134)	10 (10)	6999 (6747)

县级 行政区	农业灌溉 用水量	林牧渔业 用水量	工业 用水量	城镇公共 用水量	居民生活 用水量	生态 用水量	总用 水量
海拉尔区	1929 (1928)	336 (336)	6200 (6193)	328 (328)	953 (953)	70 (70)	9816 (9808)
鄂温克族 自治旗	20 (20)	1910 (1700)	4610 (2960)	160 (160)	560 (560)	2 (2)	7262 (5402)

注：括号中为地下水用水量。

研究区内工矿企业比较发达，地下水开采利用不尽合理，其中，地下水开采类型主要为松散岩类孔隙水，不同程度的开采均造成了地下水位的下降，特别是区内满洲里市是全国最大的内陆口岸城市，地下水资源贫乏，含水层分布面积小，厚度薄，补给资源、可开采资源和储存资源有限，难以满足供给需要，且满洲里铁路水源地和市—水源地超量开采地下水，2010 年年实际开采量为 202 万 m^3，地下水年均可开采量 156 万 m^3，实际开采量是可采量的 1.29 倍，超采面积约为 10.47km^2，导致地下水位急剧下降，已形成小型松散岩类浅层孔隙水超采区。区内地下水脆弱性及生态环境受到了不同程度的影响，现阶段对研究区内地下水脆弱性进行评价研究并划分相应的水资源保护区具有实际意义。

10.4 地下水脆弱性评价模型的构建

地下水脆弱性评价分为本质脆弱性评价和特殊脆弱性评价两类，其中，本质脆弱性只考虑地下水系统内部因素对脆弱性的影响，也称地下水固有脆弱性；对于地下水特殊脆弱性而言，不仅考虑内部因素影响，同时也考虑人类活动和污染源对地下水脆弱性的影响，也称地下水综合脆弱性。随着人类活动的加剧，外部环境对地下水脆弱性的影响越来越明显，因此，在对某区域进行地下水脆弱性评价研究时，仅考虑地下水系统内部因素显然是不现实的，必须要结合研究区的实际情况，选取对地下水脆弱性有所影响的地下水系统内部因素和人类活动等外部因素来进行综合评价，让评价模型的选取更具代表性和科学合理性。

由于研究区内包气带介质和水力传导系数这两项指标数据难以获取，可以用土壤介质类型和含水层富水性分别代替上述两项指标进行评价；该区地形坡度基本上在 2% 以内，地形起伏不大，对污染物的运移变化影响不大，故无需考虑地形坡度的影响；土地利用类型和地下水开采系数是反映人类活动行为对地下水运动以及污染物运移影响比较重要的指标，在特殊脆弱性评价过程中可以考虑选取这两项评价指标。通过以上分析并结合研究区实际地质、地貌和水文地质条件，选取了影响地下水本质和特殊脆弱性的 7 个评价指标：地下水位埋深 D、含水层净补给量 R、含水层介质 A、土壤介质类型 S、含水层富水性 C、土地利用类型 L 和地下水开采系数 M。

10.4.1 本质脆弱性 DRASC 评价模型

1. 地下水位埋深 D

地下水位埋深是地下潜水水面到地表之间的距离，表征了水从地表入渗进入到含水层所经历的路程长短，据此可以确定污染物与周围介质的接触时间，是评价模型当中最重要的评价指标。一般来说，地下水位埋深越大，污染物在迁移时被稀释或降解的可能性就越大，相应的地下水脆弱性就越低；反之，地下水位埋深越小，地下水脆弱性也就越高。研究区的地下水位埋深多为 0~50m，差异较大，本书收集到的地下水位埋深数据来自于当地水利部门调查的呼伦贝尔高平原区 138 眼地下水监测井数据，评分见表 10-3，在 Arc-GIS 平台中处理后得到呼伦贝尔地下水位埋深分布，如图 10-3 所示。

表 10-3　　　　　　　　　　　　　　　　地下水位埋深评分

地下水位埋深 D			
范　围/m	评　分	范　围/m	评　分
0~1.5	10	15.2~22.9	3
1.5~4.6	9	22.9~30.5	2
4.6~9.1	7	>30.5	1
9.1~15.2	5		

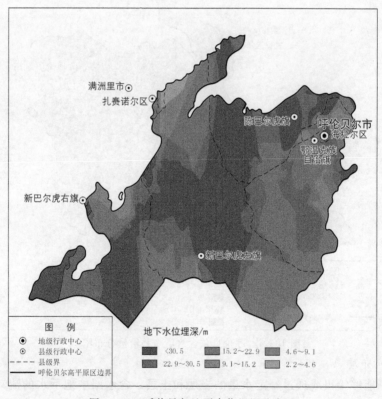

图 10-3　呼伦贝尔地下水位埋深分布图

2. 含水层净补给量 R

含水层的净补给量是地表水入渗进入地下并最终进入到含水层的水量，可以通过年降水量减去年蒸发量、地表径流量和植物、土壤蓄水量来获取含水层的净补给量数据。一般来说，含水层净补给量越多，污染物随着地表水入渗迁移进入到含水层的量也就越大，地下水脆弱性越高；反之，含水层净补给量越少，地下水脆弱性相应的也就越低。但随着净补给量的增加，污染物被稀释、降解以及发生氧化还原反应的可能性也就越高，反而地下水脆弱性会降低。研究区含水层的补给项主要包括降雨入渗和灌溉入渗，本书收集到的含水层净补给量数据来源于当地水利部门水资源调查评价成果，是 2014 年以县为单位统计的补给量的平均值，包括降雨入渗补给量和灌溉入渗补给量，评分见表 10-4，在 ArcGIS平台中处理后得到研究区含水层净补给量分布，如图 10-4 所示。

表 10-4　　　　　　　　　　　含水层净补给量评分

含水层净补给量 R			
范　围/(mm/a)	评　分	范　围/(mm/a)	评　分
0～30	2	＞60	10
30～60	6		

图 10-4　呼伦贝尔含水层净补给量分布图

3. 含水层介质 A

含水层是能够给出或透过一定水量的岩层和土层。含水层中地下水的流动受含水层介质的制约，相应的污染物随着水流迁移也受地下水流和含水层介质的影响。一般来说，含水层介质颗粒越大，渗透系数越大，含水层介质的稀释能力越小，地下水脆弱性越高；反之，含水层介质颗粒越小，渗透系数越小，地下水脆弱性越低。研究区内地下水含水层主要为松散岩类孔隙含水层，本书收集到的含水层介质类型数据来源于中国地调局全国地质资料馆纸质报告，评分见表 10-5，扫描并在 ArcGIS 平台中处理后得到研究区含水层介质类型分布，如图 10-5 所示。

表 10-5		含 水 层 介 质 评 分	
含水层介质A			
类 型	评 分	类 型	评 分
流纹岩、安山岩/凝灰岩、安山岩	3	细　砂	6
砂、粉细砂/含黏土	4	砂砾岩、细砂/砂砾岩、中粗砂	7
砂砾石/含黏土砂砾石、中细砂	5	砂砾岩/砂砾石、细砂/砂砾石、中细砂	8

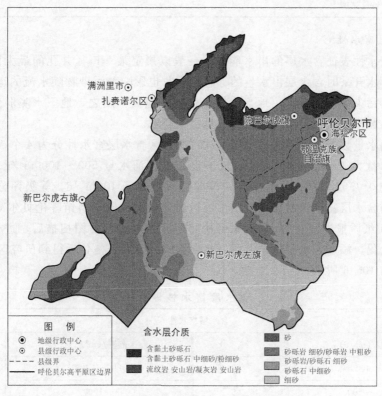

图 10-5　呼伦贝尔含水层介质类型分布图

4. 土壤介质 S

土壤介质是非饱和带上部具有生物活动的部分，通常为平均厚度 2m 或小于 2m 的地表风化层。土壤介质对渗入到含水层的地下水补给量具有影响，相应地，污染物随水流迁移垂直入渗进入到含水层的过程中也会受到影响。一般来说，土壤介质颗粒大小、有机质含量、黏土矿物含量、黏土的胀缩性能、含水量等对地下水脆弱性有着很大影响，土壤介质颗粒越小，黏土矿物含量越多，土壤的胀缩性越小，有机质含量越高，含水量越高，地下水脆弱性越低；反之地下水脆弱性越高。研究区的土壤介质大部分为砂土以及砂质壤土，对当地的地下水脆弱性影响较大。本书收集到的土壤介质类型数据来源于"中国土壤科学数据库 2011 版"，由中国农业科学院农业资源与农业区划研究所数字土壤实验室制作，评分见表 10-6，经 ArcGIS 平台处理后得到研究区土壤介质类型分布。

表 10 - 6 土 壤 介 质 评 分

土 壤 介 质 S			
类 型	评 分	类 型	评 分
重壤土	1	壤土	5
黏土、黏质	2	砂质壤土	6
壤土/壤黏土砂质黏壤	3	砂土	9
土/粉砂质黏壤土	4		

5. 含水层富水性 C

含水层富水性表征含水层的出水能力,一般以规定某一口径井孔的最大涌水量表示,它是衡量地下水开采时含水层出水量的标志,同时也影响着污染物随水流的运移。单井涌水量越高,其污染危害越严重,地下水脆弱性也就越高;反之,地下水脆弱性也就越低,较水力传导系数指标来说,单井涌水量数据易于获取。

用单井涌水量数据来反映含水层富水性,研究区含水层富水性分为 4 个级别:水量丰富,单井涌水量大于 1000m³/d,水量较丰富,单井涌水量 500~1000m³/d;水量中等,单井涌水量 100~500m³/d;水量贫乏,单井涌水量小于 100m³/d,等级评分见表10 - 7。本书收集到的含水层富水性数据来源于中国地调局全国地质资料馆呼伦贝尔高平原区 1:50 万水文地质纸质报告,在 ArcGIS 平台中将研究区水文地质图扫描后,进行地理配准,然后将其矢量化,添加含水层富水性图层属性结构,最后栅格化后得到研究区含水层富水性分区,如图 10 - 6 所示。

表 10 - 7 含 水 层 富 水 性 评 分

含水层富水性 C			
范围/(m³/d)	评 分	范围/(m³/d)	评 分
<100	8	500~1000	4
100~500	6	>1000	2

10.4.2 特殊脆弱性 DRASCLM 评价模型

地下水特殊脆弱性评价指标都是在地下水本质脆弱性指标的基础上,添加一些可以反映人类活动影响的评价指标来选取的。本部分引入了土地利用类型 L 和地下水开采系数 M 两项指标来作为地下水特殊脆弱性的评价指标。

1. 土地利用类型 L

土地利用类型是人类在改造利用土地进行生产和建设的过程中所形成的各种具有不同利用方向和特点的土地利用类别。人类活动的不断加剧是导致地下水环境受到破坏的主要原因之一,而土地利用类型的变化则是人类活动的真实写照,主要表现在不同的地表覆盖物对降水入渗和蒸发的影响,从而影响到地下水的补给和排泄,进而污染物的运移也会受到相应的影响,因此可以通过对土地利用类型变化的研究来分析其

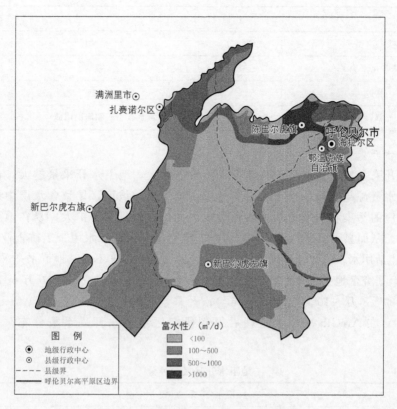

图 10-6 呼伦贝尔含水层富水性分布图

对地下水脆弱性高低的影响。本书收集到的土地利用类型数据来源于呼伦贝尔高平原区 2014 年 5—9 月 TM 遥感影像，分辨率 30m，通过遥感解译并根据研究区实际情况将土地利用类型分为耕地、草地、林地、未利用土地、水域以及城乡、工矿和居民用地等 6 种类型（表 10-8），评分见表 10-9，在 ArcGIS 平台中处理后得到研究区土地利用类型分布。

表 10-8 研究区土地利用类型分布

土地利用类型	分布面积/km²	占研究区比例/%
耕地	797.39	2.14
草地	28100	75.61
林地	533.61	1.43
未利用土地	6909.1	18.59
水域	544.5	1.47
城乡、工矿和居民用地	280.72	0.76
合计	37165.32	100

表 10-9　　　　　　　　　　　　　土 地 利 用 类 型 评 分

土 地 利 用 类 型 L			
类　　型	评　分	类　　型	评　分
未利用土地	1	水域	5
林地	2	耕地	6
草地	3	城乡、工矿和居民用地	9

2. 地下水开采系数 M

地下水开采系数表征人类开采地下水的快慢程度，地下水开采量越大，说明人类开发利用地下水资源越剧烈。地下水大量开采会增大水力坡度，导致含水层中地下水的运动加快，相应的污染物随水流运移的速度也会变化，污染范围扩大，易在地下水开采漏斗中心富集，从而显示出高的地下水脆弱性。研究区开采地下水用于工矿企业用水、农业灌溉和居民生活用水，不同的地区由于农业和工业的发展程度不一，地下水开采强度相应的也有所不同。研究区地下水开采系数分为 3 个等级：开采量大的，大于 10 万 $m^3/(a \cdot km^2)$；开采量中等的，3 万～10 万 $m^3/(a \cdot km^2)$；开采量小的，小于 3 万 $m^3/(a \cdot km^2)$。评分见表 10-10，在 ArcGIS 平台中处理后得到研究区地下水开采系数分布，如图 10-7所示。

表 10-10　　　　　　　　　　　　地 下 水 开 采 系 数 评 分

地 下 水 开 采 系 数 M			
范围/[万 $m^3/(a \cdot km^2)$]	评　分	范围/[万 $m^3/(a \cdot km^2)$]	评　分
<3	3	>10	9
3～10	6		

10.4.3　评价指标权重的确定

本文基于层次分析法（AHP）确定新评价模型（DRASL）中各评价指标的权重大小，尽量避免传统模型中权重赋值过程中人为因素的干扰，针对目标层，对准则层的 5 个评价指标采用 1～9 标度法比较：地下水位埋深不仅影响着含水层补给量的大小，而且也影响着污染物进入到含水层的能力，是 5 个评价指标中最重要的评价指标；而土地利用类型决定了含水层净补给量的大小以及地形的起伏，影响力比地下水埋深稍弱；其次是含水层净补给量，该评价指标的大小直接决定了进入到含水层污染物的数量，比土地利用类型的影响力稍弱；针对呼伦贝尔高平原地区来说，该区含水层组岩性主要是砂、砂砾石以及砂砾岩等，土壤介质类型主要为砂土以及砂质壤土，对地下水脆弱性的影响能力区别不大，但污染物迁移最终进入含水层，两者中含水层介质又稍显重要。

根据以上分析，在参考范琦等人在河北平原区所做地下水脆弱性评价工作以及研究区实际水文地质条件基础上，考虑到 5 个指标对地下水脆弱性影响程度不同，可将土壤介质类型取标度 2，含水层介质取标度 3，净补给量取标度 4，土地利用类型取标度 5，地下水

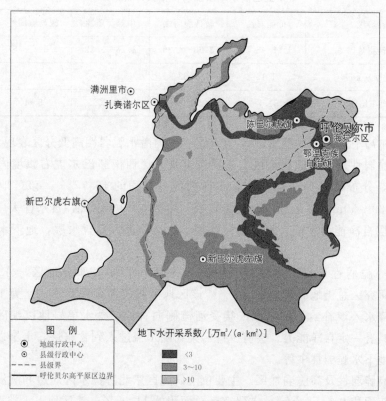

图 10-7 呼伦贝尔地下水开采系数分区图

位埋深取标度 6，采用美国运筹学家匹茨堡大学教授 T L Saaty 于 20 世纪 70 年代提出的一种实用的多目标决策方法（AHP），计算并经一致性检验后获得呼伦贝尔高平原区地下水脆弱性评价指标模型中各评价指标相对权重值，见表 10-11。

表 10-11   基于 AHP 的各评价指标相对权重值

评价指标	D	R	A	S	C	L	M
权重值	0.222	0.148	0.111	0.074	0.075	0.185	0.148

10.5 地下水脆弱性评价结果及分析

10.5.1 潜水本质脆弱性评价结果

在 ArcGIS 10.0 平台中选取栅格为基本的评价单元，栅格大小 100m×100m，栅格个数 3027×2644 个，将 DRASC 评价模型中 5 个评价指标按划分的权重值进行空间叠加，可以得到呼伦贝尔高平原区潜水本质脆弱性分区。按照自然间断点分级法将研究区本质脆弱性指数 DI 分为 5 个区间，按照地下水脆弱性由低到高依次为：低脆弱性，1.95～3.50；较低脆弱性，3.50～4.26；中等脆弱性，4.26～5.32；较高脆弱性，5.32～6.51；高脆弱性，6.51～8.22。评价结果见表 10-12。

表 10 - 12　　　　　　　　　　研究区潜水本质脆弱性指数评价结果

脆弱性等级	低脆弱性	较低脆弱性	中等脆弱性	较高脆弱性	高脆弱性
脆弱性指数	1.95～3.50	3.50～4.26	4.26～5.32	5.32～6.51	6.51～8.22
分区面积/万 km²	1.16	0.58	1.57	0.32	0.09
占研究区面积比例/%	31.18	15.59	42.20	8.60	2.42

呼伦贝尔高平原区总面积为 3.72 万 km²，区内潜水脆弱性高低分区表现为以下特征：

（1）低脆弱性及较低脆弱性区。主要位于研究区西南新巴尔虎右旗境内、辉河以西大部分地区，分布面积 1.74 万 km²，占研究区总面积的 46.77%。该区地下水位埋深较大，多为 30～50m，含水层净补给量较低，多为 0～30mm/a，富水性大多在 500m³/d 以下，含水层自净能力较强，污染物较难随水流运移进入到含水层，地下水脆弱性相对较低。

（2）中等脆弱性地区。主要位于研究区东部和北部大部分地区，分布面积 1.57 万 km²，占研究区总土地面积的 42.20%。该区地下水位埋深深浅不一，为 15～30m，主要接受大气降水入渗补给，部分地区接受河流侧向补给，含水层岩性以细砂、砂砾岩为主，含水层具有一定自净能力，会有少许污染物随水流进入到含水层，土壤以砂土、砂质壤土为主，地下水脆弱性中等。

（3）较高脆弱性及高脆弱性区。主要位于研究区东北海拉尔区周边和满洲里市东大部分地区，分布面积 0.41 万 km²，占研究区总面积的 11.02%。该区地下水类型主要为松散岩类孔隙水，地下水埋深浅，多为 0～10m，含水层净补给量比较丰富，多大于 50mm/a，富水性多为 500～1000m³/d，局部地带大于 1000m³/d，含水层自净能力较差，污染物易随水流进入到含水层，地下水易受污染，地下水脆弱性较高。

10.5.2　潜水特殊脆弱性评价结果

在 ArcGIS 10.0 平台中选取栅格为基本的评价单元，栅格大小 100m×100m，栅格个数 3027×2644 个，将 DRASCLM 评价模型中 7 个评价指标按划分的权重值进行空间叠加，可以得到呼伦贝尔高平原区潜水特殊脆弱性分区。按照自然间断点分级法将研究区特殊脆弱性指数 DI 分为 5 个区间，按照地下水脆弱性由低到高依次为：低脆弱性，1.92～3.39；较低脆弱性，3.39～4.02；中等脆弱性，4.02～4.65；较高脆弱性，4.65～5.46；高脆弱性，5.46～8.36。评价结果见表 10 - 13。

表 10 - 13　　　　　　　　　　研究区潜水特殊脆弱性指数评价结果

脆弱性等级	低脆弱性	较低脆弱性	中等脆弱性	较高脆弱性	高脆弱性
脆弱性指数	1.92～3.39	3.39～4.02	4.02～4.65	4.65～5.46	5.46～8.36
分区面积/万 km²	1.03	0.89	1.11	0.48	0.21
占研究区面积比例/%	27.69	23.92	29.84	12.90	5.65

呼伦贝尔高平原区总面积为 3.72 万 km^2，区内潜水脆弱性高低分区表现为以下特征：

（1）低脆弱性及较低脆弱性区。主要位于研究区西南新巴尔虎右旗境内、伊敏河以西部分地区，分布面积 1.92 万 km^2，占研究区总土地面积的 51.61%。该区地下水位埋深较大，多为 20～50m，除新巴尔虎左旗政府驻地补给较多，其他大部分地区含水层净补给量较少，多在 60mm/a 以下，含水层富水性多小于 $500m^3/d$，含水层自净能力较强，该区大部分地区为畜牧区，土地利用类型以草地为主，且该地区人口不密集，耕地、城镇稀少，对地下水的开发利用很少，地下水开采强度基本小于 3 万 $m^3/(a \cdot km^2)$，污染物不易随水流迁移进入到地下水含水层，地下水脆弱性相对较低。

（2）中等脆弱性地区。主要位于研究区东南部分地区和北部大部分地区，分布面积 1.11 万 km^2，占研究区总土地面积的 29.84%。该区地下水位埋深为 15～30m，主要接受大气降水入渗补给，部分地区接受河流侧向补给，含水层岩性以细砂和砂砾岩为主，含水层具有一定的自净能力，土壤以砂土为主，土地利用类型以草地为主，有少部分未利用土地，地下水开采强度为 1 万～10 万 $m^3/(a \cdot km^2)$，对地下水脆弱性有一定程度的影响，该地区会有少许污染物随水流进入到含水层污染地下水，地下水脆弱性中等。

（3）较高脆弱性及高脆弱性区。主要位于研究区东北部分地区、满洲里市东部大部分地区、海拉尔河中下游一带和伊敏河中下游一带，分布面积 0.69 万 km^2，占研究区总土地面积的 18.55%。该区地下水类型主要为松散岩类孔隙水，地下水埋深浅，多为 0～15m，含水层净补给量比较丰富，多大于 50mm/a，富水性多为 500～$1000m^3/d$，局部地带大于 $1000m^3/d$，含水层自净能力较差，有利于污染物随水流迁移进入到含水层，该地区土地利用类型以耕地和未利用土地为主，部分地区存在城乡、工矿和居民用地，农药、化肥大量使用易随地表径流下渗进入含水层，工业废水、废气、固体废弃物排放量高于研究区其他地区，如果不经处理会成为潜在的污染源，居民生活用水也会通过土壤层下渗进入到含水层中，导致水体富营养化，且该地区地下水开采强度较高，多在 10 万 $m^3/(a \cdot km^2)$，人类活动因素在该地区影响较为明显，地下水环境易受威胁，地下水脆弱性相对较高。

10.6　潜水脆弱性评价结果验证

呼伦贝尔高平原区潜水脆弱性评价从本质脆弱性和特殊脆弱性两方面开展，考虑了地下水系统内部因素和人类活动等外部因素的双重影响，评价结果表明，地下水开采强度、土地利用类型等人类活动因素对研究区潜水脆弱性影响较为明显，为了进一步检验评价结果的可靠性，论文根据研究区已有的监测井硝酸盐浓度值数据对研究区潜水脆弱性评价结果进行验证。

考虑到研究区资料的可获取情况，论文选用潜水硝酸盐浓度（点值）作为验证依据，这是因为地下水中硝酸盐浓度背景值一般低于 2mg/L，明显高于背景值的一般意味着人为污染，一般情况下，地下水脆弱性高的地区，硝酸盐浓度值相对较高。表 10 - 14 为研究区硝酸盐浓度值（点值）监测井信息。

表 10 - 14　　　　　　　　　　　研究区硝酸盐浓度监测井信息

监测井号	采样点	采样日期	纬度/(°)	经度/(°)	硝酸盐浓度/(mg/L)
1	满洲里市第四办事处	2007 年 10 月	49.47	117.70	20.4
2	满洲里市新开河兴农村	2007 年 11 月	49.44	117.77	93.7
3	陈巴尔虎旗西乌珠尔苏木	2010 年 10 月	49.46	118.41	25.8
4	陈巴尔虎旗哈日诺尔	2010 年 10 月	49.18	119.06	16.7
5	陈巴尔虎旗哈达图农场	2010 年 10 月	49.56	119.59	28.3
6	海拉尔区林业局	2010 年 11 月	49.21	119.73	31.2
7	鄂温克族自治旗永丰嘎查	2009 年 10 月	48.63	119.76	21.5
8	鄂温克族自治旗哈库莫嘎查	2009 年 11 月	48.42	119.02	12.9
9	新巴尔虎左旗阿木古郎镇	2009 年 10 月	48.22	118.27	3.75

根据研究区 9 个监测井信息，可以看到硝酸盐浓度普遍为 15～30mg/L，参考《地下水质量标准》（GB/T 14848—1993），浓度值基本超出了人体的健康基准值，对比研究区潜水本质脆弱性分区结果和特殊脆弱性分区结果以及硝酸盐浓度分布情况，在硝酸盐浓度值超标的地区，潜水脆弱性也相对较高，而该地区对应的潜水特殊脆弱性等级明显高于本质脆弱性，这表明特殊脆弱性分区结果更能客观地反映研究区潜水脆弱性的分区特征。

10.7　敏感性分析

由于水文地质条件的不同，相同的地下水脆弱性评价指标在不同的研究区其影响程度是不一样的，例如在华北平原，地下水埋深是很重要的影响因素，对脆弱性有着很大的作用；而在地下水埋深差异小的地区，影响作用不是那么明显。

对影响研究区地下水脆弱性的评价指标进行敏感性分析，探讨各个指标参与评价的必要性，分析出对该区地下水脆弱性影响程度最低和最高的评价指标，也是对地下水脆弱性评价过程中指标选取合理性的一个验证。敏感性高的评价指标对地下水脆弱性有着很大的作用，在野外调查和室内数据资料收集时应着重考虑，增加采样点密度，提高数据的精度；敏感性低的评价指标对地下水脆弱性影响较低，可以适当放宽其数据要求；敏感性最低的指标，在需要调整地下水脆弱性评价指标体系时可以考虑去掉。论文针对研究区潜水脆弱性评价 DRASCLM 指标模型中的地下水位埋深 D、含水层净补给量 R、含水层介质 A、土壤介质类型 S、含水层富水性 C、土地利用类型 L 和地下水开采系数 M 这 7 个评价指标进行敏感性分析。

目前地下水脆弱性评价中有两种敏感性分析法，分别是由 Napolitano 等（Napolitano

P，1996）提出的单参数敏感分析法和 Lodwick 等（Lodwick W A，1990）提出的地图移除参数分析法。论文借鉴前者进行脆弱性评价指标敏感性分析。单参数敏感分析法用于评价每个指标对地下水脆弱性的影响，通过计算每个指标的有效权重值进行分析。有效权重值 W 是每个评价指标评分和对应权重的乘积占研究区地下水脆弱性指数 DI 的百分比，计算公式为

$$W = (P_R P_W / DI) \times 100 \qquad (10-1)$$

式中：P_R 为指标评分；P_W 为指标对应权重；DI 为地下水脆弱性指数；W 为单指标有效权重。敏感性分析得到的评价指标有效权重分布见表 10-15。

表 10-15 　　　　　　　　研究区评价指标有效权重分布表 　　　　　　　　％

评价指标	指标有效权重			
	最大值	最小值	平均值	标准差
地下水位埋深 D	38.85	5.36	20.18	6.31
含水层净补给量 R	28.43	3.03	14.04	3.27
含水层介质 A	17.12	4.24	9.55	4.43
土壤介质类型 S	23.06	1.67	11.65	3.68
含水层富水性 C	29.15	2.22	11.24	2.35
土地利用类型 L	31.78	3.41	16.04	0.95
地下水开采系数 M	34.16	4.47	17.19	1.75

从表 10-9 可以看出，有效权重平均值从大到小依次为：地下水位埋深 D（20.18％）、地下水开采系数 M（17.19％）、土地利用类型 L（16.04％）、含水层净补给量 R（14.04％）、土壤介质类型 S（11.65％）、含水层富水性 C（11.24％）和含水层介质 A（9.55％），从敏感性分析结果可以得到以下结论：

（1）地下水位埋深是影响研究区潜水脆弱性最重要的评价指标，有效权重平均值为 20.18％，是 7 个评价指标中最高的，主要是因为区内地下水位埋深变化幅度较大，且由层次分析法求得的相对权重值最大，对潜水脆弱性评价结果的重要性程度最高。

（2）研究区潜水特殊脆弱性 DRASCLM 评价模型中加入的地下水开采强度和土地利用类型两个评价指标的敏感性略低于地下水位埋深，其中地下水开采强度指标重要性稍强些，主要是因为研究区土地利用类型中草地占了总面积的 75％，这一类型评分值相对较低，对潜水脆弱性影响略低于地下水开采强度。

（3）研究区含水层净补给量评价指标有效权重值为 14.04％，对潜水脆弱性敏感性程度也比较高，主要是因为污染物直接随水流迁移进入到含水层中，这一评价指标是主要载体，控制着污染物的浓度和迁移速度，对脆弱性的影响的重要性也不可忽视。

（4）含水层富水性、含水层介质和土壤介质类型的有效权重值分别为 11.24％、9.55％、11.65％，这 3 个评价指标对研究区潜水脆弱性影响重要性程度基本一致，总体

来看，不存在敏感性特别低的评价指标，论文选取的 7 个评价指标对研究区潜水脆弱性的影响都不容忽视，评价指标的选取较为合理。

（5）基于层次分析法确定的 7 个评价指标的权重值从大到小依次为地下水位埋深 D（0.222）、土地利用类型 L（0.185）、地下水开采系数 M（0.148）、含水层净补给量 R（0.148）、含水层富水性 C（0.111）、含水层介质 A（0.111）和土壤介质类型 S（0.074），跟敏感性分析得到的有效权重相比，除土地利用类型 L 和土壤介质类型 S 权重的确定有着较小的差异性，二者的对比见表 10-16，总体来看，基于层次分析法确定的权重值较为合理。

表 10-16　　　基于层次分析法和敏感性分析的评价指标权重划分对比

评价指标	有效权重/%	层次分析法确定权重值
地下水位埋深 D	20.18	0.222
地下水开采系数 M	17.19	0.148
土地利用类型 L	16.04	0.185
含水层净补给量 R	14.04	0.148
土壤介质类型 S	11.65	0.074
含水层富水性 C	11.24	0.111
含水层介质 A	9.55	0.111

10.8　结论

本次根据研究区具体情况，选取了地下水位埋深、含水层净补给量、含水层介质、土壤介质类型、含水层富水性、土地利用类型和地下水开采系数这 7 个评价指标，建立了研究区潜水本质脆弱性 DRASC 和特殊脆弱性 DRASCLM 评价模型，利用层次分析法确定了评价指标的权重值，并基于 ArcGIS 10.0 平台对研究区潜水脆弱性进行了评价研究，通过本次研究得出如下结论：

（1）呼伦贝尔高平原区潜水本质脆弱性水平较低，较高及高脆弱性地区主要分布于研究区西北和东北部，分布面积 0.41 万 km^2，占研究区总面积的 11.02%。

（2）结合人类活动的影响，呼伦贝尔高平原区潜水脆弱性整体上处于较低水平，地下水防污性能良好，较高脆弱性及高脆弱性地区分布面积为 0.69 万 km^2，仅占研究区总面积的 18.55%。

（3）对比潜水本质脆弱性和特殊脆弱性分区结果，在加入地下水开采强度和土地利用类型这两个评价指标后，研究区潜水脆弱性较高和脆弱性高的地区增多，增加面积为 0.28 万 km^2，表明人类活动因素对研究区潜水脆弱性影响比较明显。

（4）经过水质点硝酸盐浓度验证，研究区硝酸盐浓度值超标的地区，其潜水脆弱性也相对较高，结果与实际情况吻合较好；且这些地区对应的潜水特殊脆弱性等级明显高于本质脆弱性，说明特殊脆弱性分区结果更能客观地反映研究区潜水脆弱性的分区特征。

（5）通过评价指标的敏感性分析，表明地下水位埋深对研究区潜水脆弱性最为重要，其次为地下水开采强度和土地利用类型，不存在敏感性比较低的评价指标，评价指标选取较为合理，在一定程度上反映特殊脆弱性评价结果比较符合研究区实际情况。

附录 A　地下水脆弱性评价导则
（征求意见稿）

1　总则

1.1　目的任务

为了加强地下水资源的保护，保障供水安全及人体健康，维护良好的生态环境，根据《中华人民共和国水法》《中华人民共和国水污染防治法》等法规要求，制定地下水脆弱性评价导则。

本导则适用于区域孔隙类地下水脆弱性评价工作。

地下水脆弱性评价的主要任务是：根据不同的水文地质条件，结合各种人类活动，选择适当的评价方法，区别不同地区的地下水脆弱程度，评价地下水潜在的易污染性，标示较为脆弱的地下水范围，编制地下水脆弱性分区图，规划地下水的功能区，警示人们在开采地下水时采取有效的防护措施，为各级管理部门提供理论基础，从而有效地保护地下水资源。

1.2　引用标准

本文件引用或参考了下列文件中的条款。

《地下水脆弱性评价技术要求（GWI—D3）》

《区域浅层地下水脆弱性评价技术指南》

《地下水质量标准》（GB/T 14848—1993）

《地下水环境监测技术规范》（HJ/T 164—2004）

《地下水监测规范》（SL 183—2005）

《环境影响评价技术导则地下水环境》（HJ 610—2016）

《Groundwater Sensitivity Toolkit》（American Petroleum Institute，2002）

《groundwater remediation strategies tool》（Regulatory Analysis & Scientific Affairs Department，2003）

《Soil quality Characterization of soil related to groundwater protection》（BRITISH STANDARD，2004）

《Standard Guide for Selection of Methods for Assessing Groundwater or Aquifer Sensitivity and Vulnerability》（ASTM Committee，2008）

1.3　术语

地下水脆弱性是含水层中地下水对外界施加的不利影响而保持其自身稳定性的能力，

与污染物性质及强度无关，既包括水质防污性，也包括水量供给的稳定性。

从含水层是否受人类活动、外界干扰的角度，可以将地下水脆弱性划分为固有脆弱性和特殊脆弱性两种。从地下水的属性角度，也可以将地下水脆弱性划分为水质防污性和水量脆弱性两种。

1.3.1　地下水固有脆弱性

固有脆弱性是天然状态下地下水对污染所表现的内部固有的敏感属性。它与污染源或污染物的性质和类型无关，取决于地下水所处的地质与水文地质条件，是静态、不可变和人为不可控制的。

1.3.2　地下水特殊脆弱性

地下水对特定的污染物或人类活动所表现的敏感属性。它与污染源和人类活动有关，是动态、可变和人为可控制的。

1.3.3　地下水水质防污性

主要反映污染物从地表进入含水层的难易程度及进入含水层后含水层对污染物的稀释能力。

1.3.4　地下水水量脆弱性

主要反映在自然条件和人为干预下，含水层对地下水水量的调节能力。

1.3.5　地下水脆弱性指数

地下水脆弱性指数是指各个地下水脆弱性评价指标的加权综合值，其大小表示地下水脆弱性的高低。脆弱性指数越大，表示地下水脆弱性越高；反之越低。

地下水脆弱性指数分为水质防污性指数和水量脆弱性指数。

1.3.6　地下水脆弱评价图

表征地下水脆弱性高低的图件，是地下水脆弱性评价结果的直观图形表示方式。

2　基本要求

2.1　适用对象

本导则评价对象为具有一定开采意义的含水层地下水，现状或未来地下水开采程度可能较大的含水层。主要适用于孔隙含水层介质的水质水量脆弱性评价。裂隙水介质和岩溶水介质可以按照本导则的评价思路选择合适的评价指标进行评价。

2.2　原则

2.2.1　水质水量兼顾

地下水脆弱性评价不仅要进行水质防污性评价，同时也要重视水量脆弱性评价，特别是在地下水开采程度较大、人类活动影响较为强烈的地区。

2.2.2　定量定性相结合

地下水脆弱性评价是为了判定评价区地下水的相对敏感性，定性计算是为了使结果可视化表示更方便。实际工作中应以定性为主，定量为辅，注意避免人为追求数值精度而忽视研究区的实际情况。

2.2.3 因地制宜

本导则所列的指标方法只具有一般指导意义，实际评价工作中要根据研究区的具体情况选择适当的评价指标和方法，因地制宜。

2.3 工作流程

地下水脆弱性评价按照如下步骤开展：

（1）资料收集。

（2）评价区基本情况分析。

（3）分析地下水水质防污性和水量脆弱性的影响因素。

（4）建立评价指标体系与指标等级划分和赋值。

（5）确定各指标权重。

（6）编制脆弱性评价图。

（7）分析参数敏感度。

（8）验证并提出评价结果。

3 地下水脆弱性影响因素分析

地下水脆弱性影响因素分为水质防污性影响因素和水量脆弱性影响因素两个方面。影响地下水水质防污性的主要因素有地下水埋深、补给量、土壤介质、包气带介质、含水层介质等；影响地下水水量脆弱性的主要因素有补给量、开采强度、含水层介质等。

3.1 水质防污性影响因素

3.1.1 地下水埋深

地下水位埋深反映了污染物从地表通过包气带到达地下水的距离，决定地表污染物到达含水层之前所经历的各种水文地球化学过程。地下水位埋深越大，污染物与包气带介质接触的时间就越长，污染物经历的各种反应（物理吸附、化学反应、生物降解等）越充分，污染物衰减越显著，地下水脆弱性越低；反之则相反。

3.1.2 补给量

补给水是淋滤、传输固体和液体污染物的主要载体，并控制着污染物在包气带和含水层中的弥散和稀释，是影响地下水脆弱性的主要因素。影响补给量的参数包括降水、蒸发、湿度等。

3.1.3 土壤介质

土壤明显影响污染物垂直进入包气带的能力，土壤带很厚的地方，入渗、生物降解、吸附和挥发等污染物衰减作用十分明显。土壤防污性能主要受土壤中的黏土类型、黏土胀缩性和颗粒大小的影响。影响土壤防污性的参数包括土壤成分、结构、厚度、有机质含量、黏土矿物含量、透水性、阳离子交替吸附能力。

3.1.4 包气带介质

包气带介质类型决定着土壤层以下、地下水位以上地段内污染物衰减的性质。生物降解、中和、机械过滤、化学反应、挥发和弥散是包气带内可能发生的所有作用。

3.1.5 含水层介质

含水层介质对地下水脆弱性的影响主要考虑含水层的类型和形状、孔隙度、渗透系数、储存特性、传递系数、地下水流方向等。

3.2 水量脆弱性影响因素

3.2.1 地下水补给强度

地下水补给强度是反映系统结构及功能稳定性的主要因素，补给强度越大，抵抗外界干扰能力越大，系统发生一定的变化也不致产生功能衰退，即易损性较小，而且在撤除人类干扰因素后，系统恢复力较强。

3.2.2 地下水开采系数

地下水开采系数是反映人类对地下水胁迫程度的主要因素，开采系数越大，地下水系统面临的威胁越大，由于过量开采引发的生态地质环境问题的可能性越大，系统自我恢复能力越低。

3.2.3 含水层介质

含水层介质对地下水水量脆弱性影响主要考虑含水层厚度、渗透性、给水度、富水性等。含水层厚度越大、富水性越强，含水层储存、调节水量的能力越强，系统抵抗外界胁迫的能力越大。

4 地下水脆弱性评价方法

目前，国内外常用的地下水脆弱性评价方法主要分为四类，分别是迭置指数法（Overlay and Index Methods）、过程数学模拟法（Methods Employing Process - based Simulation Models）、统计方法（Statistical Methods）和模糊数学法（Fuzzy Mathematic Methods）等。

迭置指数法的指标数据比较容易获得，方法简单且易于掌握，是国外最常用的一种方法。国内外广泛使用的 DRASTIC 方法就属于迭置指数法中的计点系统模型（Point Count System Mod，PCSM）。

本导则推荐使用迭置指数法中的计点系统模型进行地下水脆弱性评价。该方法规定：脆弱性综合指数是由各参数的评分值和各自赋权的乘积叠加得出的。

4.1 评价指标体系

4.1.1 水质防污性指标

水质防污性评价选取地下水埋深、净补给量、渗透系数、土壤介质类型、含水层厚度、土地利用类型 6 个评价指标。

4.1.1.1 地下水埋深

地下水埋深越大，污染物与包气带介质接触的时间就越长，污染物经历的各种反应（物理吸附、化学反应、生物降解等）越充分，污染物衰减越显著，地下水脆弱性越低。

4.1.1.2 净补给量

补给水是淋滤、传输污染物的主要载体，入渗水越多，由补给水带给浅层地下水的污染物越多，地下水脆弱性越高。

4.1.1.3 土壤介质类型

土壤介质颗粒大小影响污染物进入含水层的难易，土壤中部分有机质还会吸附污染物。

4.1.1.4 渗透系数

含水层渗透系数反映含水层介质的水力传输能力，在一定水力梯度下，渗透系数越大，污染物在含水层中的迁移速度越快，地下水脆弱性越高。

4.1.1.5 含水层厚度

含水层厚度影响地下水的静储量和对开采的调节能力，一定量的污染物条件下，含水层厚度越大，稀释能力越强。

4.1.1.6 土地利用类型

土地利用类型对污染物进入地下水的方式和过程有重要影响，利用类型能反应人类活动对地下水水质的影响，耕地中施用的农药化肥会随灌溉水一起渗入含水层中，引起污染；人口密集的城市区生活污水大量排放也会造成地下水污染。

4.1.2 水量脆弱性指标

水量脆弱性评价选取地下水开采系数、净补给与实际开采模数差值、含水层厚度、单位涌水量 4 个评价指标。

4.1.2.1 地下水开采系数

地下水开采情况主要反映了人类干扰情况下地下水的排泄状况。开采持续大于补给，地下水资源量逐渐枯竭，可能导致地质环境和生态环境问题，对含水层产生破坏作用，地下水水量脆弱性增大。

4.1.2.2 净补给模数与实际开采模数差

净补给量是决定地下水系统对开采敏感性与否及水量自我恢复的关键，在排泄方式不变的条件下，净补给量越大，地下水水量脆弱性越低。实际开采量反映了人类活动对地下水水量的影响。用净补给模数与实际开采模数差来表示评价区可用于调节的地下水量，差值越大，地下水水量可调节性越强，对地下水补给的敏感性越低。

4.1.2.3 含水层厚度

含水层厚度影响地下水的静储量和对开采的调节能力。含水层厚度越大，地下水水量脆弱性越低。

4.1.2.4 单位涌水量

用单井涌水量表示含水层富水性，富水性越强，相同开采量时引起的地下水水位降深越小，水位波动越不明显，水量脆弱性越低。

4.2 指标分区及等级划分

参考 DRASTIC 方法中指标等级划分标准以及国内外文献对相关指标的等级划分标准，提出地下水防污性指标（表 A-1）和水量脆弱性指标（表 A-2）。评价者可以根据研究区具体的数据分布状况，合理调整各指标的等级划分标准。

表 A-1 防污性指标等级评分表

渗透系数/(m/d)		土地利用类型		净补给量/(mm/km²)	
指标等级	评分	指标等级	评分	指标等级	评分
0～5	1	城镇	10	0～50	1
5～10	2	耕地	7	50～70	2
10～20	3	草地	5	70～90	3
20～30	4	林地	3	90～120	4
30～50	5	其他	1	120～150	5
50～80	6			150～180	6
80～100	8			180～210	8
100～150	9			210～230	9
>150	10			>230	10
土壤类型		含水层厚度/m		地下水埋深/m	
指标等级	评分	指标等级	评分	指标等级	评分
薄层或缺失	10	<28	10	<1	10
砾石	10	28～42	9	1～2	9
中砂、粗砂	9	42～56	8	2～3	8
粉砂、细砂	7	56～69	7	3～4	7
胀缩或凝聚性黏土	6	69～83	6	4～5	6
砂质壤土	5	83～97	5	5～7	5
壤土	4	97～110	4	7～10	4
粉质壤土	3	110～125	3	10～15	3
黏质壤土	2	125～145	2	15～18	2
非胀缩和非凝聚性黏土	1	>145	1	>18	1

表 A－2 水量脆弱性指标等级评分表

单位涌水量 /[m³/(h·m)]		含水层厚度/m		开采系数		净补给模数与实际开采 模数差/(mm/km²)	
指标	评分	指标	评分	指标	评分	指标	评分
<4	10	<28	10	<0.4	1	<0	10
4～8	9	28～42	9	0.4～0.5	2	0～9	9
8～11	8	42～56	8	0.5～0.6	3	9～20	8
11～15	7	56～69	7	0.6～0.7	4	20～25	7
15～20	6	69～83	6	0.7～0.8	5	25～33	6
20～24	5	83～97	5	0.8～0.85	6	33～52	5
24～30	4	97～110	4	0.85～0.9	7	52～63	4
30～37	3	110～125	3	0.9～0.95	8	63～69	3
37～47	2	125～145	2	0.95～1	9	69～98	2
>47	1	>145	1	>1	10	>98	1

4.3 指标权重

评价指标的相对权重反映了各参数对地下水脆弱性的影响大小，权重越大，表明该指标的相对影响越大。评价指标权重的分配，直接影响到评价结果是否合理，在地下水脆弱性评价工作中非常关键。应分别确定地下水防污性指标和水量脆弱性指标的权重值。

目前，权重确定方法有专家赋分法、主成分—因子分析法、层次分析法、灰色关联度法、神经网络法、熵权法、试算法等。本导则不硬性规定确定权重的方法。建议采用两种以上方法确定指标权重，结果互为佐证。

要求水质防污性各指标权重值之和等于 10，水量脆弱性各指标权重之和等于 10。

对于 DRASTIC 模型的指标权重，美国环境保护署提出了正常情况下和针对农药污染的两套权重，见表 A－3。

表 A－3 正常和农药情况下 DRASTIC 模型因子权重

参　数	权　　重	
	正常情况	农药情况
地下水埋深	5	5
净补给量	4	4
含水层介质	3	3
土壤介质	2	5
地形坡度	1	3
包气带影响	5	4
水力传导系数	3	2

4.4　评价指数及标准

4.4.1　水质防污性指数

水质防污性指数计算公式为

$$DI_1 = D_w D_R + T_w T_R + L_w L_R + S_w S_R + R_w R_R + K_w K_R$$

式中：D 为地下水埋深；T 为含水层厚度；L 为土地利用类型；S 为土壤类型；R 为净补给模数；K 为含水层渗透系数；W 为权重值；R 为指标值。

4.4.2　水量脆弱性指数

地下水水量脆弱性指数计算公式为

$$DI_2 = M_w M_R + E_w E_R + T_w T_R + Y_w Y_R$$

式中：M 为净补给模数与实际开采模数差；E 为开采系数；T 为含水层厚度；Y 为单位涌水量；W 为权重值；R 为指标值。

4.4.3　脆弱性分级标准

水质防污性指数 DI_1 越高，防污性能越差；反之防污性能越好。水量脆弱性指数 DI_2 越高，水量脆弱性越高，反之水量脆弱性越低。

根据权重和参数评分值，水质防污性指数 DI_1 和水量脆弱性指数 DI_2 取值均为 10～100。水质防污性和水量脆弱性高低均设为 5 级，见表 A－4。当脆弱性指数值 DI_1 或 DI_2 为 10～30 时，表示地下水脆弱性低；当脆弱性指数值为 30～50 时，表示地下水脆弱性较低；当脆弱性指数值为 50～60 时，表示地下水脆弱性中等；当脆弱性指数值为 60～80 时，表示地下水脆弱性较高；当脆弱性指数值为 80～100 时，表示地下水脆弱性高。

表 A－4　　　　　　　　　　　地下水脆弱性评价标准

地下水脆弱性综合指数值	10～30	30～50	50～60	60～80	80～100
地下水脆弱性级别	低	较低	中等	较高	高

5　地下水脆弱性评价步骤

5.1　资料收集

5.1.1　补给量资料

净补给量是降水入渗补给量、河渠入渗补给量和灌溉入渗补给量之和。水利部门在 2000 年开展的全国水资源综合规划工作中，大多数省份都以水资源四级区套县级行政区为单元评价了多年平均地下水补给量，并且成果都通过了当地人民政府、水行政主管部门的审查。在脆弱性评价中可以直接采用该数据。

另外，也可以根据收集的降水量资料、入渗系数、灌溉量、渠道渗漏系数等计算评价区的补给量。

利用水利部门观测或从气象部门收集的降水资料，计算评价水平年、以县为单位的年平均降水量，再根据入渗系数计算降水入渗补给量。

河渠入渗补给量和灌溉入渗补给量等数据可以用水利部门资料或水资源评价数据，计算评价水平年、以县为单位的年平均河渠入渗补给量和灌溉入渗补给量。

5.1.2 含水层资料

5.1.2.1 水位埋深数据

地下水位埋深是地下水脆弱性评价必需的重要数据，可以从水利部门、国土部门收集地下水监测井数据。用评价水平年年均地下水的统测资料绘制地下水埋深分区图。地下水埋深等级划分按研究区的实际情况来适当调整。

5.1.2.2 含水层厚度数据

含水层厚度可以从含水层顶底板等值线图中计算，或从钻孔资料分析，按 $2\sim4$ 个钻孔/100km² 分析。从水利部门、当地国土部门收集也可。

5.1.2.3 含水层渗透系数

含水层渗透系数从野外抽水试验获取，或从钻孔资料分析得出，按 $2\sim4$ 个钻孔/100km² 分析。从水利部门、当地国土部门收集也可。

5.1.2.4 含水层富水性资料

含水层富水性是评价研究区地下水水量丰富程度的重要数据。含水层富水性资料一般来源于国土部门的水文地质图或者钻孔数据，可以将单位涌水量进行空间插值，得到富水性分布图。

5.1.3 土壤资料

可在农业部门收集土壤分布资料。中国农业科学院农业资源与农业区划研究所拥有《中国土壤科学数据库（2011 版）》，该数据库储存了全国土壤颗粒组成、有机质含量、土壤厚度、土壤类型等数字化资料。

另外，也可根据钻孔资料和野外调查，取浅部（埋深小于 2m）段的岩性评判，按 $4\sim10$ 个钻孔/100km² 分析，进而做出土壤分布图。

土壤类型可划分为薄层或缺失、砾石、中砂和粗砂、粉砂和细砂、胀缩或凝聚性黏土、砂质壤土、壤土、粉质壤土、黏质壤土、非胀缩和非凝聚性黏土等。

5.1.4 开采资料

5.1.4.1 地下水开采系数

地下水开采系数是指开采量与可开采量的比值。可从当地的水利部门收集评价年或近年的水资源公报，掌握主要水源地或农灌井的位置及其开采量数据。以县为单元，计算每个单元的地下水开采系数。

5.1.4.2 实际开采模数

实际开采模数是指评价区在单位面积、单位时间内的地下水开采量 $[m^3/(a\cdot km^2)]$。可在水利部门收集评价年或近年的年均实际开采量，以县为单元计算评价区的实际开采模数。

5.1.5 土地利用资料

土地利用类型可以通过遥感影像解译得到。遥感影像可以在中国科学院计算机网络中心或其他相关网站下载分辨率为 $30m \times 30m$ 的 TM 或 ETM 数据，或根据评价精度要求，购买分辨率更高的 SPOT、Quickbird 等数据用于解译。

遥感解译土地类型按全国土地一级详查分类，分为耕地、林地、草地、水域、建设用地及未利用地 6 种利用类型。

5.1.6 水质资料

地下水污染质分布图是为了验证评价结果，可以收集尽量多的污染质进行校核，一般用硝酸盐浓度来验证。收集评价水平年高水位期的地下水质监测数据，绘制相应的分布图。

5.2 评价指标选择

评价指标按其重要性、实用性和资料获取程度选择。评价者可以在表 A-5 的基础上，酌情增减评价指标。有些评价指标在研究区没有区分意义可自行剔除，有些对研究区地下水有重要影响的评价指标也可增加。

表 A-5 　　　　　　　　　　　　　地下水脆弱性评价指标选择表

评价类型	指标	必选指标	可选指标	备注
水质防污性	净补给量		✓	
	土壤介质	✓		
	地下水位埋深	✓		
	含水层厚度		✓	
	含水层渗透系数	✓		
	土地利用类型		✓	
水量脆弱性	开采系数	✓		
	净补给模数与开采量模数差	✓		
	含水层厚度		✓	
	单井涌水性	✓		

5.3 单指标处理

地下水脆弱性评价工作需在地理信息系统（ArcGIS）支持下完成。利用 ArcMap 软件对所需的数据进行处理，建立空间数据库，实时进行修改与更新。再利用其强大的空间分析功能，如空间插值、栅格计算赋值、叠置分析等，对数据计算并以可视化形式展示，最后生成各指标分布和脆弱性分区图。

评价中需要的数据源可能包含不同的格式，包括 Excel 记录的监测井点位数据、.jpg 格式的水文地质图件、文字性研究报告、遥感影像等，需要将不同、多源的数据整合成所需要的矢量或栅格格式。

5.3.1 源数据处理

根据数据源格式，首先对数据进行处理，要将所有所收集到的点数据、线数据和面数据转化成栅格格式。在 ArcMap 中利用其空间分析功能，对各栅格图层进行叠加、分级工作。栅格大小应根据评价区范围、数据源精度等确定。一般可采用 1km×1km 剖分网格单元。

5.3.1.1 Excel 表点数据

以埋深为例说明如何将点格式数据处理成栅格数据。其他点状数据可参照处理。

第一步，将 Excel 中数据点导入 ArcMap 中，File ＞ Add Date ＞ Add XY Data。然后将点数据导出 .shp 格式，并加该图层。

第二步，在点数据属性表中查看埋深值，进行空间插值。Spatial Analyst Tools ＞Interpolation ＞Kriging，对数据空间插值。

第三步，对栅格图裁剪。在工具箱中用命令 Spatial Analyst Tools ＞ Extraction ＞ Extract by Mask，掩膜使用研究区图层，得到研究区埋深分区栅格图。

5.3.1.2 图片格式

如果数据为图片格式（.jpg），首先在 ArcMap 中数字化，得到 shp 格式文件。以含水层等厚线为例说明处理过程：将该文献中的 .jpg 图片在 ArcGIS 中进行数字化得到含水层等厚度线，再对埋深线进行空间插值，得到研究区含水层厚度栅格数据。

第一步，加载 .jpg 图片，使用地理配准工具：Georeferencing ＞Add Control Point ＞ 选择已知坐标配准点 ＞输入 XY 坐标信息。

第二步，在研究范围内均匀选取若干个配准点输入坐标信息，增加所有控制点后，在 Georeferencing 菜单下，点击 Update Display，更新后，就变成真实的坐标。

第三步，建立等厚线新图层，加载进 ArcMap，在 Editor 状态下绘制等厚线，完成数字化。

第四步，建立拓扑关系，选 Edit（编辑）＞More Editing Tools＞Topology 拓扑。

第五步，将等厚线转化成面文件，打开 ArcToolbox 选 Data Management Tools＞Features，双击 Feature To Polygon 特性到面。

5.3.1.3 面数据

将面数据 .shape 文件导入 ArcMap 中，在工具箱中用命令 Convertion Tools ＞ To Raster ＞ Polygon to Raster 将面数据 .shape 转换成栅格文件。

5.3.2 指标分级

在得到各评价指标栅格文件后，需要对各指标进行等级划分并赋值，这一过程是在 ArcMap 中完成。以埋深栅格数据为例说明操作过程。

第一步，对埋深数据划分等级，右击图层，选择 Property ＞Symbology＞ Classfied，为了使划分的等级更接近研究区的实际情况，选择 Natural Breaks 分类方法，为划分简便，间断点以自然分类法为基础四舍五入取近似整数值，将埋深范围分为 10 个等级。

第二步，对每个等级重新赋值，Spatial Analyst Tools ＞Reclass ＞ Reclassfy，将 1～

10 分分别赋予划分的 10 个埋深等级。

5.4 空间叠加计算

将地下水埋深、净补给量、含水层厚度、含水层渗透系数等单个指标栅格图层导入到 ArcMap 中，使用 Spatical Analyst Tools ＞Map Algebra ＞Raster Calculator 工具对图层进行叠加或相乘运算，参考相关运算公式对不同类型地下水脆弱性指数进行计算，求得每个剖分网格单元的水质防污性指数 DI_1 和水量脆弱性指数 DI_2。

5.5 脆弱性等级划分

在 ArcMap 中，选择地下水水质防污性指数和地下水水量脆弱性指数图层，使用 Layer Properties＞Symbology＞Classified 工具对脆弱性结果进行分级显示设置，等级划分按给定标准分级或者根据研究区实际情况进行调整。

5.6 敏感度分析

由于水文地质条件的差异，相同的地下水脆弱性影响因素在不同研究区的重要程度是不一样的。对影响研究区地下水脆弱性的因素进行敏感度分析，讨论每个指标参与评价的必要性，分析判断对该区地下水脆弱性影响最高和最低的指标，也是对地下水脆弱性评价指标体系选取合理性的一个检验。

敏感度高的指标对地下水脆弱性有大的影响作用，在室内资料收集与外业调查中适当加强对其的关注，增加采样密度，提高数据精度。敏感度低的指标对地下水脆弱性影响较低，可以适当放松其数据要求；敏感度最低的指标，在需要调整地下水脆弱性评价指标体系时可以考虑将其去掉。

目前有 2 种敏感度分析方法，分别是由 Lodwich 等引进的地图移除参数分析法和 Napolotano、Fabbri 引进的单参数敏感分析法。

5.6.1 地图移除参数分析法

地图移除参数分析法（Map Removal Sensitivity Analysis）是指通过从脆弱性分析中移除一个或几个地图指标层确定脆弱性的敏感度，计算公式为

$$S = \frac{\dfrac{V}{N} - \dfrac{V'}{n}}{N} \times 100$$

式中：S 为敏感度；V，V' 为未受干扰和受干扰脆弱性指标；N，n 为计算 V 和 V' 的参数的数量。

用所有指标计算得到的脆弱性得分是非干扰脆弱性，然而减少指标计算得到的脆弱性得分是干扰脆弱性。

5.6.2 单参数敏感分析

单参数敏感分析法（Single - Parameter Sensitivity）用于评价每个参数对地下水脆弱性的影响。方法计算了每个参数的有效权重。

有效权重是每个指标评分和相应权重乘积占用区域地下水脆弱性指数求得的百分比，

计算公式为

$$W = \frac{P_\mathrm{r} P_\mathrm{w}}{V} \times 100$$

式中：W 为每个参数的有效权重；P_r，P_w 为每个参数的等级评分和权重；V 为脆弱性指数值。

本导则推荐采用单参数敏感分析法确定评价指标的敏感度。这一过程可在 ArcGIS 中利用软件的统计分析功能完成。

5.7　结果验证

所有的地下水脆弱性评价都是建立在对当前水文地质条件概化的基础之上的，往往这些概化是指包含水文地质理论在内的概念模型。为了检验评价方法的概念模型与研究区评价结果的正确性，必须通过结果验证来保证最终结果的质量。

5.7.1　水质防污性验证方法

理论上讲，任何一种独立于地下水脆弱性评价方法的计算、实验或者调查结果都可以用来验证脆弱性评价的正确性。《区域浅层地下水脆弱性评价指南》中介绍了四种地下水脆弱性评价结果验证方法。本导则推荐采用该指南中的第一种方法对评价结果进行验证，即将地下水硝酸盐浓度（点值或等值线图）作为地下水水质验证依据，因为地下水中硝酸盐浓度背景值一般低于 2mg/L，明显高于这个值的一般意味着人为污染。硝酸盐浓度选取评价水平年的丰水期的浓度值。一般情况下，地下水脆弱性高的地区，硝酸盐浓度值相对较高。

5.7.2　水量脆弱性验证方法

本导则推荐使用地下水水位年均变化量作为地下水水量验证依据。一般的，地下水水位年均变化越大，水位波动越明显，水量脆弱性越高。

6　地下水脆弱性评价成果

评价成果应包括地下水脆弱性评价报告、地下水脆弱性图件。

6.1　地下水脆弱性评价报告

地下水脆弱性评价报告应包含地下水脆弱性评价的各个步骤，以下将评价过程的每部分内容进行列举：

（1）研究区背景，包括自然地理概况、水文地质条件、地下水开发利用及环境状况等。

（2）地下水脆弱性评价过程，包括评价方法选取，根据脆弱性影响因素选择评价指标及权重计算，在 ArcGIS 中进行指标图层等级划分及叠加，计算脆弱性指数。

（3）根据计算结果进行脆弱性等级划分，划分方法可根据研究区的实际情况进行自行设定；评价结果分析及验证；对指标敏感度分析。

6.2　地下水脆弱性图件

地下水脆弱性图件一般包括单指标分级图和综合评价结果分区图，以 GIS 形式显示。

单指标分级图用于显示各评价指标的分级设置，在 GIS 中可采用渐进色表示参数评分值由大到小的变化状况。

地下水脆弱性综合评价结果按 5 级设置显示。在 GIS 中可以用不同颜色表示脆弱性程度高低。用红色表示脆弱性高、浅红色表示脆弱性较高、黄色表示脆弱性中等、绿色表示脆弱性较低、蓝色表示脆弱性低。

附录 B 地下水脆弱性编图指南

国际水文地质学家协会水文地质学家 Jaroslav Vrba 和 Alexander Zaporozec 博士于 1994 年主编的《地下水脆弱性编图指南》(Guidebook on Mapping Groundwater Vulnerability，以下简称"指南")。

该指南是关于地下水脆弱性评价及其编图的指南，旨在帮助编图工作者设计和汇编脆弱性图，同时也使用户真正了解其内容和价值，该书提出的脆弱性评价和编图方法试图提供综合性的指导，同时从方法学的角度出发，使人们能够解释水文地质及其他相关资料和便于理解表现这些资料的形式。为了保证编图的一致性和对比性，该指南还提供了一个用于地下水脆弱性模式的图例说明。同时还提供了脆弱性和编图实例、参考文献、常见术语解释汇表以及简略和缩写表。

地下水脆弱性图属于特殊用途的环境图范畴，派生于一般的水文地质图。因此，被认为是解释地下水保护图，地下水脆弱性图不同于水文地质图，其并不表明地下水系统要素，而是当其与地下水脆弱性有关时，表明这些要素的特殊性质。脆弱性图的最终目的是将某一区域划分为不同的单元以便于表示用于不明目的和用途的不同潜力。这种图是随时间变化的，需及时表现地下水系统和人类影响的位置和性质。脆弱性图分类以其目的、比例尺、内容和编图表示方法为最重要标准。脆弱性比例尺控制了图件的内容，其大小的选取取决于编图的目的、水文地质条件和复杂性以及解决问题的精度。

1. 地下水脆弱性的定义

确切地表达和定义"地下水脆弱性"和阐明脆弱性图的概念对脆弱性图的设计、图形表示方法和编制至关重要，因此，在试图研发通用的可接受的脆弱性的编图程序之前，必须仔细分析和定义地下水脆弱性的概念。

地下水脆弱性不仅与污染或水质因素有关，还与水量因素有关。在该指南中，作者给出了以下定义："脆弱性是地下水系统的固有特性，它依赖于系统对人类和自然影响的敏感性"。由于地下水脆弱性类型不止一种，因此，对脆弱性用专有名词"固有（天然）脆弱性"单独定义为水文地质因素的一个函数，它包括含水层特性、上部土壤、地质介质。同时进一步了解到，除了地下水系统的固有特性，一些脆弱性图的用户希望图中也能反映对地下水资源现在和将来使用有危险的特殊土地利用和污染的潜在影响。

脆弱性在概念的普及和定义方面的发展并不意味着脆弱性编图形成了一个标准化处理方式。水文地质环境的多样性使得难以用同样的标准进行评价。但是在评价这些不同条件的可能方式之前，就脆弱性定义达成共识是非常重要的。定地下水脆弱性的概念将帮助评价者消除对现有概念的分歧和多解性，并有助于找到一种脆弱性评价和编图的有效方法。

指南指出地下水脆弱性具有相对性、非测试性以及无量纲特性，评价的精度取决于具有代表性和可靠性数据的质量和数量。固有的脆弱性评价的首要属性是地下水的补给、土壤、非饱和带以及饱和带的地质特征，次要属性包括地形起伏、地表水与地下水的关系以及含水层下伏单元的性质。特殊脆弱性评价时根据污染物对地下水系统的危害来进行，主要包括的参数有污染物在非饱和带的运移时间、在含水层的滞留时间以及相对于单一污染物性质的土—岩—地下水系统的稀释能力。

2. 脆弱性评价方法

评价的技术方法取决于研究区的地理特征、研究目的以及数据的质量和数量，可采用的基本方法有以下三类：

（1）对于大区域的研究，水文地质背景方法多为定性或半定量评价方法，通过建立多组地下水脆弱性标准模式，将研究区与已知脆弱性标准的地区进行比较来判别脆弱性。

（2）参数法包括矩阵系统、分级系统以及计点系统。其所对应这些系统的全部程序先从判别代表脆弱性评价的参数选取做起，每个参数都可能给定一个系数（主要权重）以反应参数和脆弱性评价的重要性之间的关系，每一种参数都有给定的等级变化范围，其被分成离散的分层隔间，每一间隔都有确定的数值来反映脆弱性的相对程度，同时概括分级点，最终的数值分解成扇形图来表示脆弱性的相对程度。

（3）类比关系法和数值模型法基于脆弱性指数的数学符号。这些方法一般仅应用于特殊脆弱性评价。

脆弱性评价应以水文地质评价为基础，而不是一般的自动分级过程，含水层模拟模型和地理信息系统的有效结合更具有突出的优点。

脆弱性评价需要一定的水文地质和水化学资料，同时了解潜在污染的起源。许多情况下，所需的资料可以从政府机构、大学、研究所、州或省的地质调查局以及资源勘查和咨询公司收集，然而对于某些地区，代表性的数据不能获取，必须经过现场测试和观测获得。基础数据的数量、质量及其分布特征决定了脆弱性评价的质量和精度，数据采样的密度和任意测量点采样的数据量与编图比例尺相互间关系密切。如较小地域的评价需要大的比例尺和高密度的数据采样点，相反，采样点密度很差的地区只能使用简单的评价方法绘制出小比例尺的图。

评价方法确定前，还必须考虑基本数据的可信度，例如数据的可信度与研究区海拔高度变化有关，当海拔高度大于 300m 时，数据的可信度急剧下降，因而对于山区来说，仅需较简单的评价方法。

当每一资料底图清晰时，可通过手工或照相方法来进行脆弱性编图，人工编图的一个重要步骤是合并成图所需的资料，最常用的方法是叠置法，将同一比例尺不同图件的属性及其参数叠加，通过叠置所有的底图以获得一幅组合脆弱性图。单层数据的叠置可由计算机来完成，利用现有的一种 GIS 系统，如 ARC/INFO、EROAS 或 GENEMAP 来操作数据，该过程要求所有属性以及参数要有地理定位，经数字化后输入数据库。一旦建立数据库，所有数据以数据层的方式记录且与坐标系是一致的，经计算机操作可获得派生图，最终形成脆弱性图。

目前，地下水脆弱性图的编制仍缺乏国际协作，也缺少相应标准进行统一，如颜色和符号的选择必须一致，同时包括标准的图式设计以及文本、注释说明等其他相关内容。注释说明文本是脆弱性图件不可缺少的内容，并且所有信息最好呈现于一幅图面上，图幅应由主要脆弱性图构成，伴随的图例有长、短之分，短的图例可分成数栏，用于概括图中划分不同的脆弱性程度；长图例使用短图例包括的同样的颜色、图案，主要用于更进一步详细地说明脆弱性的类别特征。

图幅还可以包括影响地下水的人类活动符号解释，在图中也应该详细地说明，同时图幅应该包括剖面图、分块图以及比例尺说明。大比例尺图可以显示当前的污染状况、地下水质以及土地利用情况等具体信息；而小比例尺图侧重于体现脆弱性的所有属性。

3. 地下水脆弱性图的应用及其局限性

地下水脆弱性图的主要目的是为各级政府管理并制定决策所用，尤其有助于管理者、规划者有效利用土地并充分认识地下水保护的重要意义，进而做出合理的决定。同时结合土地利用图、地下水质资料和污染源分布情况可指导各种资源的有效开发。

脆弱性图作为一种利用工具，可评价潜在的地下水脆弱性，也可划分不同地区对污染的敏感性，有助于建立监测网并评价地下水污染状况，尤其是非点状污染，同时也起到教育和宣传的作用，使规划者、管理者、决策制定者们认识到地下水保护、污染风险和污染防治的重要性。

脆弱性图的局限性主要表现在几个方面：缺乏有代表性数据（质量和数量），编图比例尺选择不当，地质及水文地质特征不明确，缺乏公认的方法学，而且产生脆弱性的时间较长，致使评价方法有一定的局限性。

脆弱性图的内要充分，能够全面地体现其可信程度和意义。尤其重要的是说明图件的应用范围和使用意图，同时要说明编图运用的方法理论和推断条件以及资料的准确程度。只要说明合理，即使资料不够充分，仍有其利用价值，但绝不能作为某一地区研究的唯一资料。

4. 地下水脆弱性图的模式图例

为便于参照国际标准编图，指南提供了一个模式图例，基本资料按主次分类以提高编图水平。

主要资料与脆弱性的固有属性有关，即含水层的岩性特征和厚度，并且以不同颜色的色度来表征。建议将脆弱性程度分为五级：极高、高、中等、低和极低，对应色度为红色、橘红色、玫瑰红色、淡绿色以及深绿色。颜色的选择非常重要，保证图件的叠加、修饰和符号更加清晰。另外，土壤的分类也要以不同的色度颜色来显示，土壤需要分类时，仅有脆弱性程度极高、高和中等级叠加即可。非含水层根据需要可覆盖图中非饱和带，一般用棕色表示。

次要资料与污染的潜在性有关，主要基于饱和带特征的研究程度，一般以修饰图案表示，叠加于基础图上来表示脆弱性的分级情况。对于其他相关资料也可用一系列符号来表示，如水文地质特征、需要保护的地下水补给区、产生潜在污染的人类活动以及当前地下水水质状况。在模式图例中出现的修饰图案一般适用大、中比例尺图幅（1：20万～1：2.5万），图幅可以包括图表、断面图和附图。有必要强调一点：主图、图例和注释说明不要分开，最好呈现于一幅图上。

5. 地下水脆弱性评价和编图实例

为说明脆弱性评价的应用效果以及潜在的错误解释，本书给出 5 种不同含水层和应力条件的评价实例，每例评价方法是一致的。尽管大部分实例应用效果明显，但仅根据现成的、概括性的脆弱性图例制定管理决策仍有一定危险性。

英国东肯地区脆弱性图的比例尺为 1：10 万，属于中比例尺的典型，且有一定的操作性，图中详细描述了土壤特征和地质分类以及二者的结合方式，最终给出脆弱性分类。

附录C 地下水资源对污染敏感脆弱性编图及风险评价指南

该指南是阿拉伯地区地下水及土壤资源管理、保护及可持续利用技术合作项目的系列报告之一。该项目由联邦德国地学及天然原料研究院（BGR）与阿拉伯干旱地区与干旱国家研究中心（ACSAI）共同实施完成。该项目始于1997年8月，2003年12月为其第二阶段。阿拉伯干旱地区与干旱国家研究中心成立于1971年，是一个独立的跨政府组织，在阿拉伯联盟框架下开展工作。

1. 背景

阿拉伯干旱地区与干旱国家研究中心位于叙利亚大马士革，是阿拉伯联盟跨区域组织，由21个阿拉伯地区成员国构成。为了确保将来的水资源供给以及决策管理能力，阿拉伯干旱地区与干旱国家研究中心许多成员国开始采取一体化水资源管理（IWRM）措施。阿拉伯干旱地区与干旱国家研究中心通过专业技术支持、研究和培训措施以及通过促进区域科技成果交流，惠及各成员国。

多数阿拉伯国家面临环境挑战。水短缺、水污染与土地资源流失、恶化及污染影响人民健康及社会经济发展。水与土壤资源不是用之不竭的资源，而是非常珍贵的资源。由此，阿拉伯地区的可持续发展要求贯彻实施地下水及土壤资源保护。

2. 地下水脆弱性编图的重要性

地下水脆弱性编图作为保护地下水资源的基础工具广泛用于发达国家。这些地下水脆弱性图件不仅仅为地下水研究专家使用，而且也在土地利用规划中被广泛利用。在本报告中，介绍的指南的目的是使阿拉伯地区国家有能力来编制地下水脆弱性图件。

地下水脆弱性图与含有对地下水资源存在潜在危害的图件有助于确定可能的风险。需要对供水、对污染敏感性进行确认和评估，以便根据污染风险采取相应的措施。所以，风险评估对地下水资源保护有着重要的作用。

为有效地保护地下水资源，让土地利用规划部门重视地下水保护问题，这一点同样重要，特别是这些部门在确定修建诸如垃圾处理场、污水处理厂以及污水主管道、商业不动产、油品及有危害物品储存库（对地下水可能有污染）等设施时。在修建这些设施的地方，不能危害地下水资源。

3. 地下水脆弱性定义及参数

该指南第二部分介绍了地下水脆弱性定义。第三部分计算地下水脆弱性参数。FOSTER HIRATA（1988）MORRIS FOSTER（2000）VRBA ZAPOROZE（1994）列出了导致不同介质中污染物载荷稀释情况。水与污染物通过这些途径到达地下水水面（土壤、非饱和带及饱和带）。下述因素决定岩石及土壤盖层的保护效果及过滤效力：

（1）矿物岩石的成分。

（2）岩石致密程度。

（3）节理及破碎程度。

（4）孔隙度。

（5）有机物质含量。

（6）碳酸盐含量。

（7）黏土矿物含量。

（8）金属氧化程度。

（9）pH 值。

（10）氧化还原能力。

（11）阴离子交换能力（CEC）。

（12）岩石与土壤盖层的厚度。

（13）渗透速率与速度。

同时要考虑到某些化学特性、地下水污染性质、通过土壤包气带与饱和带的运移时间。这些特性包括：

（1）影响可溶性和化学反应能力的天然参数（温度、压力等）。

（2）弥散/扩散。

（3）化学络合、吸附及沉淀。

4. 地下水脆弱性编图方法

在报告中介绍了在地下水脆弱性编图（制图中）最常用的方法如下：

（1）DRASTIC 方法（该方法主要在美国使用），报告介绍了该方法使用实例与其优缺点。

（2）联邦德国脆弱性编图概念 GIA 方法及其当前修改本，PI 方法，主要在联邦德国各州及联邦各部门使用。

（3）瑞士主要使用 ERIK 方法。

（4）COP 方法（在欧洲主要用于岩溶含水层）。该方法是由 Malaga（西班牙）大学水文地质组参与 COST62 计划（项目），作为岩溶含水层地下水脆弱性编图引入的。所用的参数有：水流密度 C；盖层 O；大气降水 P。

报告介绍了 COP 方法使用实例及其优缺点；地下水脆弱性编图标准，用于土地利用规划目的的地下水脆弱性图（比例尺为 1∶5 万或 1∶100 万）；岩溶地区地下水脆弱性图；所选择的编图地区标准，风险评价，对地下水危害（污染）确认。

在某地区选用最佳的地下水脆弱性编图方法取决于数据采集量（实用性）、空间数据分布、图件比例尺、图件的目的以及水文地质环境。上述方法主要用来支持土地利用规划及地下水保护措施。举例来说，划分地下水保护区，多数情况下，图件比例尺为 1∶5 万和 1∶100 万。数据实用性越好，图件越详细，图比例尺越大。

数据实用性低的地区，如总的水文地质条件是已知的，应选择的合适的方法是 DRASTIC。若所需要的数据不清楚，那么可以考虑用简单一些的方法，如 GOD（FOSTER 与 HIRAATA，1988）。最适用的方法是 GIA 方法及其修改版本，PI 方法，因为所用的评价系统主要基于科学考虑，比 DRASTIC 主观上少些。在岩溶环境情况下，GIA 方法有不足之处，此时可考虑使用 PI 方法，因此这种方法原则上可以在所有水文地质环境条件下使用。

在完全是岩溶地质环境情况下，推荐使用 EPIK 方法，这是因为该方法就是为此目的设计的，所以比 PI 方法对岩溶环境适应得多。因为 COP 方法实际使用经验尚不足，所以迄今为止尚没有推荐该方法作为在岩溶地区地下水脆弱性制图的标准方法。

在岩性不同的单元，也就是说，赋存或没有赋存岩溶含水层的单元内，既可推荐使用 GIA 方法又可推荐使用 PI 方法。

地下水脆弱性图件已成为保护地下水资源免遭污染的标准工具。这些图件对土地规划决策过程中尤为重要。土地利用规划人员在决定土地利用时需要专家意见以避免对地下水资源的水质造成不良的影响。

在所有方法当中，根据水从地表到含水层（渗流时间）的运移时间来划分含水层脆弱性程度。在孔隙中的这类水流不同于在坚硬岩石裂隙与洞穴中流动的水流。

联邦德国地学及天然原料研究院（BGR）是欧洲 COST620 碳酸盐岩含水层保护脆弱性及风险制图的工作组成员，该工作组负责制定岩溶地区地下水脆弱性图的制图标准方法。在过去的数十年间，BGR 已为发展中国家绘制了大量的地下水脆弱性图件。在阿拉伯地区首批地下水脆弱性图中包括：与约旦水务部门绘制的一些图件，约旦北部、Irbid 周围地区的地下水资源图及 Ammra 南部地区地下水资源图。并以地下水危害图对上述图件加以补充，以便确认何处的地下水资源可能有风险并得出关于监测这些危害对地下水的污染和土地利用规划决策结论，图件比例尺为 1：5 万。之所以选择该比例尺，是为了向土地规划人员（部门）在大的地区土地规划中提供适用的规划工具。作为一标准方法，Hohlting 等建议使用 GLA 方法。该方法在联邦德国得到广泛的使用。

在阿拉伯地区地下水及土壤资源管理，保护及可持续利用的技术合作项目中还绘制了黎巴嫩贝卡谷地、叙利亚 Ghouta 地区类似的图件。

在瑞士，地下水脆弱性图被用作岩溶地区地下水保护带划分的标准工具（BUWAL，2000），瑞士政府决定用 ERIK 方法（SAEFL，2000）。欧洲其他国家将来也希望遵循类似概念。在新的约旦—联邦德国，地下水资源管理（2002—2005 年）技术合作项目框架内，项目将至少要基于岩溶含水层地下水脆弱性图上的 2 眼井或泉来划分地下水保护带。

5. 报告附录

附录 1 为联邦德国地下水脆弱性编图概念、基本情况、参数评价、土壤参数以及有效田间持水量和 7 个实例介绍。（略）

附录 2 介绍了地下水脆弱性图编制评价过程。（略）

附录 3 介绍了岩溶地区脆弱性编图 EPK 方法。（略）

附录 D 国外研究案例

1 基于改进的 DRASTIC 模型在伊戈迪亚湖流域（土耳其，伊斯帕尔塔）的地下水脆弱性评价

1.1 DRASTIC 评价方法

DRASTIC 评价方法是地下水脆弱性评价中参数系统法的典型代表，相对于其他评价方法，它主要适用于大区域的地下水脆弱性评价。DRASTIC 评价方法是美国环境保护局（USEPA）和美国水井协会（NWWA）综合了 40 多位水文地质学专家的经验，于 1985年合作开发的。该方法首先被美国 40 个县采用，应用于具有不同水文地质条件的地区，包括喀斯特地区的多含水层系统。之后，不少水文地质学家将其用于更大范围的水文地质单元的地下水脆弱性评价，并对该系统进行了补充和完善，可以适用于各种不同的水文地质条件。

目前，该方法已被许多国家采用，是地下水脆弱性评价中最常用的方法。该方法采用7 个影响和控制地下水运动的因素，包括地下水位埋深 D、净补给 R、含水层介质 A、土壤介质 S、地面坡度 T、包气带介质 I、水力传导系数 C，来定量分析各单元的脆弱性高低。对每一个 DRASTIC 参数给定了一个相对权重值，其范围为 1～5，以反映各个参数的相对重要程度。对地下水污染最具影响的参数的权重为 5，影响程度最小的参数的权重为1。权重为不可改变的定值。

DRASTIC 权重的赋值分为正常和农田喷洒农药两种情况。DRASTIC 地下水脆弱性指数计算公式为

$$DI = D_W D_R + R_W R_R + A_W A_R + S_W S_R + T_W T_R + I_W I_R + C_W C_R$$

式中：R 为指标值；W 为指标的权重。

一旦确定了 DRASTIC 脆弱性指数，就可确定哪些区域的地下水相对易于污染。具有较高的脆弱性指标的区域，该区域的地下水就易于被污染。DRASTIC 指数提供的仅是相对概念，而不是绝对的。对于正常情况，DRASTIC 脆弱性指数的最小值为 23，最大值为226，而在农药喷洒情况下的最小值与最大值分别为 26 和 256。一般 DRASTIC 脆弱性指数值为 50～200。

1.2 研究区概况

伊戈迪亚湖流域位于土耳其西南部的湖区内，占地面积 3417km²。研究区境内有两个地下水流域，塞尼肯特—乌卢博尔卢流域和雅尔瓦—盖伦多斯特流域，流域总面积为 525km²。松散冲积层是区内最主要的含水层，并且污染物运移主要发生在这个区域中，石灰

岩和厚砂页岩夹层局部坐落在冲积层单元下，地下水和地表水的排泄是流向伊戈迪亚湖的。在流域中，地下水水质受点源和非点源污染源的影响，如农业活动、废水、非安全垃圾填满等，最重要的污染源因素来自于整个流域中的农业活动。因此，从流域地下水保护和伊戈迪亚湖水质保护的角度来评估流域中的地下水脆弱性是十分重要的。

1.3 评价指标体系及权重划分（DRASTIC - Lin - Lu 模型）

1.3.1 地下水位埋深 D

地下水位埋深决定了污染物在到达潜水面之前穿过的土层深度，而且它影响污染物发生化学和生物反应的时间，如弥散、氧化、自然衰减、吸附作用等。因此，地下水位埋深越深，污染物到达含水层的概率越低，污染物衰减的概率越大。根据搜集到的数据，塞尼肯特—乌卢博尔卢流域地下水位埋深为 3～36m，雅尔瓦流域地下水位埋深为 1～21.6m，盖伦多斯特流域地下水位埋深为 0.15～51.2m，荷伊兰流域地下水位埋深为 2.6～38.7m。研究区内的地下水位埋深被分为 5 组（0～10m、10～20m、20～30m、30～40m、>40m），基于层次分析法（AHP）确定的地下水位埋深权重值为 0.251。

1.3.2 含水层净补给量 R

含水层净补给量指地表水通过入渗到达含水层的总量。补给量越高，含水层的脆弱性越低。研究区的年降水量为 328～788mm，区内的含水层净补给量被分为 5 组（348～476mm/a、477～537mm/a、538～596mm/a、597～670mm/a、671～787mm/a），基于层次分析法确定的含水层净补给量权重值为 0.122。

1.3.3 含水层介质 A

在考虑区内水文地质特征的基础上，绘制了流域内的含水层介质示意图，共 7 个水文地理单元。冲积层和坡地沉积被归类为冲积含水层，这是流域中最脆弱的单元；白云石和石灰岩属于岩溶岩，具有高渗透性；火成碎屑岩单元和新第三系的额定值分别为 7 和 6，被认为是半渗透性单元。蛇绿岩、复理石和变质岩因为具有低渗透性被归为不可渗透单元。基于层次分析法确定的含水层介质权重值为 0.063。

1.3.4 土壤介质 S

土壤覆盖层类型对含水层的恢复有重要作用，而且它能控制污染物在缓冲区的运移，因此这一参数对决定含水层脆弱性具有重要意义。根据搜集到的数据，研究区土壤被分为 5 类：黏土、砂质黏土、砾岩、砂砾和岩石。黏土能够减少相关土壤渗透性，控制污染物移动，因此，黏土类别的额定值最低。基于层次分析法确定的土壤介质权重值为 0.032。

1.3.5 地形坡度 T

地形以坡度的形式进行描述，坡度值很重要，因为它能决定污染物径流的程度，而且在渗入土壤之前会出现吸附、过滤污染物的现象。研究区内的数字高程模型通过使用数字化 1：25000 比例尺的地形图建立（10m 的等高线间距），地形坡度被划分为 5 个区间（0～2%，2%～6%，6%～12%，12%～20%，>20%）。基于层次分析法确定的地形坡度权重值为 0.02。

1.3.6 包气带介质 *I*

包气带（不饱和区域）对降雨的渗滤和地表水流向有重要影响，包气带的数据都是摘自国家水利工程和研究区的地形图提供的日志和钻孔记录。这一流域中观测到的包气带介质类型主要为变质岩、蛇绿岩、黏土、火山岩、黏土砂岩、砾岩、石灰岩和砂砾岩。基于层次分析法确定的包气带介质权重值为 0.202。

1.3.7 水力传导系数 *C*

含水层水力传导性是指含水层转化成水的能力，污染依靠地下水的流速控制。以研究区的泉水抽水试验为基础，水力传导系数数据以此取得。流域内西部在冲积层的水力传导系数为 $8.72 \times 10^{-6} \sim 2.24 \times 10^{-4}$ m/s，荷伊兰平原的水力传导系数为 $5.6 \times 10^{-7} \sim 1.18 \times 10^{-5}$ m/s，石灰岩具有高渗透性（10^{-3} m/s），然而黏土单元渗透性为 $10^{-10} \sim 10^{-9}$ m/s。这一流域的水力传导系数同样被分成 5 个等级（$<10^{-7}$ m/s，$10^{-7} \sim 10^{-6}$ m/s，$10^{-6} \sim 10^{-5}$ m/s，$10^{-5} \sim 10^{-4}$ m/s，$10^{-4} \sim 10^{-3}$ m/s）进行评估。基于层次分析法确定的水力传导系数权重值为 0.078。

1.3.8 线性构造 *L*ₗₙ

线性构造指地下水的移动和储存，是对地下水进行剖析的有力助手。线性构造指地面不可计数的线性特征，与地理进化有关联，并且与地下水流向和污染扩散密切相关，所以高线性构造密度值可能意味着高地下水受污染率。流域内的线性构造分析通过高级星载热辐射及热反射仪的卫星图像和研究区的数字高程模型得到，流域中 250m 的缓冲区沿着线性构造标画出来，转化成 30m×30m 的网格地图，因此每一区域得以计算权重。研究区内线性构造被分为 5 组（0~250m，250~500m，500~750m，750~1000m，>1000m），基于层次分析法确定的线性构造权重值为 0.066。

1.3.9 土地利用类型 *L*ᵤ

对地下水脆弱性的分布而言，这一参数至关重要，来自生活区和农业活动的污染物能影响地下水的质量，所以用这一流域的土地利用示意图来评估地下水受污染概率。根据土地利用特质，这一流域被划分为果园、农业用地、居住区、草地、荒野森林、裸岩。基于层次分析法确定的土地利用类型权重值为 0.167。

1.4 脆弱性评价结果

为了用更为现实的方式来对地下水脆弱性进行分类，采用改进后的 DRASTIC 模型里的参数范围用层次分析法进行了修正。改进后的 DRASTIC 模型里使用的 9 个参数可以用成对比较矩阵来表述，新的额定系数也适用于每一个参数，继而，每个参数自身进行重估，第二个额定值也能确定，且通过将每一参数的额定值与得到的新额定值相乘来进行计算。用这个方式得到的研究区脆弱性指数值为 0.0687~0.3195。根据改进后的 DRASTIC 层次分析模型脆弱性示意图得到，塞尼肯特—乌卢博尔卢和荷伊兰平原以及雅尔瓦—盖伦多斯特平原极易受污染，在黏土和变质岩重叠的地区受污染程度已经确定，此外，碳酸盐岩单元被认为受污染倾向居中。

2 VUKA：基于改进后的 COP 方法应用于南非岩溶含水层的地下水脆弱性评价

2.1 COP 评价方法

COP 法是西班牙马拉加大学水文地质系用泛欧洲法的概念模型开发出的模型，它考虑了三个评价指标：径流条件 C，包气带的保护能力 O 和降水条件 P。本方法的基础是假设地下水的天然保护是由上覆土壤和包气带提供的，并评估由于径流分布（弥散和集中）和降雨条件对保护层的改变情况。它没有考虑岩溶发育程度 K 因子，所以仅可以用于含水层的脆弱性评价。

包气带的保护能力 O，即饱和带之上的地层（包括表土层、底土层、非岩溶地层和非饱和岩溶地层）对含水层的保护能力。径流条件 C 则是考虑了由于落水洞和下沉流引发的绕过保护层的影响，分两种情景：集中入渗区域和非集中入渗区域。降水情况 P 依据降雨强度和降雨时间分布计算。COP 将所考虑的三个评价指标数值相乘得到 COP$_{指数}$，即

$$\text{COP}_{指数} = C \cdot O \cdot P$$

COP$_{指数}$ 实际上是对上覆层因子 O 的一个修改值，取值范围是 0～15，依据值的大小分为五类：极高脆弱性、高脆弱性、中等脆弱性、低脆弱性、极低脆弱性。

2.2 研究区概况

南非许尼斯普特群（Chuniespoort）的岩溶白云石能够维持高产井口中的水源，并作为南非豪登省内众多城市、乡村、农场唯一可稳定使用的水源。这些岩溶含水层也成为南非豪登省和西北各省城镇与工业发展所需的最重要的水资源之一。因此，它们被认为是南非的一个最重要的含水层［"巴纳德（Barnard）2000"］。

研究区地貌特征为连绵起伏的丘陵，最大平均海拔高度为 1700m。这些丘陵的梯度通常低于 20%，尽管某些地区也有梯度为 75% 的陡峭山脊。年平均降雨量为 650mm，年平均潜在蒸发量约为 1700mm，日平均最高气温为 22～25°C，日平均最低气温为 10～12°C，该地区的地层主要是许尼斯普特群的白云质灰岩（2420～2640Ma）、层间碎状沉积岩、比勒陀利亚群熔岩；在整个区域内存在几个常年泉水，其中包括接触泉和断层泉。在碳酸盐岩石的长期形成过程中，已经形成了大量的落水洞、渗水坑和洞穴，并且在现在的条件下仍在继续形成。该区域内众多的古人类活动地点已经为现代人类的起源研究提供了有价值的信息，本文尝试用改进后的 COP 方法（VUKA）来对南非岩溶含水层进行脆弱性评价。

2.3 评价指标体系（VUKA 模型）

对南非岩溶地下水脆弱性进行评价所采用的 VUKA 方法中包含了几处对原来 COP 方法的修改，以便使其更适应南非的岩溶地形。在地理信息系统中创建脆弱性的每个因子层，然后通过叠加生成一个最终的地下水脆弱性地图。

2.3.1 VUKA 叠加层（O 因子）

O 因子层取决于两个子因子：土壤 O_S 和岩性 O_L，它们的和产生了 O 因子数，表示了

叠加层对地下水保护的不同程度。O_S 子因子取决于土壤覆盖层的类型 s_t 和土壤深度 s_h，O_L 子因子由到潜水面的深度、岩性和岩层断裂 l_y 子因子数和承压条件 c_n 子因子数来确定。"半承压"的承压条件 c_n 子因子数代表渗漏的或半承压含水层，它的上边界是个弱透水层。

本文对 COP 评价方法中岩性和岩层断裂因素进行了修改，表现为：它包含了在南非发现的普通岩石种类，特别是那些在南非岩溶地形中发现的，岩性和裂隙密度 l_y 子因子等级没被修改。研究区内土壤覆盖层类型 s_t 分为黏土、淤泥土、砂土以及壤土，土壤深度 s_h 被分为 3 个区间（<0.5m，0.5~1m，>1m）；包气带岩性分为黏土、沉积层、非裂隙岩和火成岩、页岩、黏土岩、粉砂岩、泥灰质岩、裂隙岩和火成岩、非裂隙砾岩和角砾岩、砂和碎石、可渗透玄武岩、裂隙碳酸盐岩以及岩溶岩，承压条件 c_n 分为承压条件、半承压条件和非承压条件。把以上指标叠加后得到 O 因子指数值被分为 5 个区间（1，2，2~4，4~8，8~15）。

2.3.2 VUKA 降雨（P 因子）

通过分配两个子因子［降雨 P_q（mm/a）和时间分布 P_i（mm/d），生成了 P 因子层，这两个子因子的和被称为 P 因子数，它表示的是自然地下水保护 O 因子］因雨情而减少的程度。丰水年份的平均降雨量确定了 P_q 子因子，丰水年份的平均年降雨量被丰水年内平均年降雨天数相除，得到了 P_i 子因子。

传统 COP 评价方法中对丰水年的定义是年降雨量至少超过年平均降雨量的 15%（Vias 等，2003）。为了实现统计的一致性，在该文中它被修改到某个年份中，在该年份的年降雨量超过或等于数学平均值加 0.5 倍的标准偏差。P_q 子因子的修改基本上包括将第一级的阈值从 400mm/a 减为 300mm/a，并将等级间隔从原来的 400mm/a 降低到 300mm/a。SINTACS 方法（Civita，1994）提出，当补给量高于 300~400mm/a 时，会发生污染物稀释并使脆弱性降低。在试验区，平均年补给量是总降雨量的 16%（荷兰 2007），年平均降水量必须要超过 1800mm/a 才能达到那样的效果。由于特别高的降水量与南非草原高地的暴风雨密切联系，因此通常认为，研究区域出现的稀释效果会比年补给率低得多（只是在高降雨事件中），因此决定对补给阈值减半，超过 900mm 的年降水量将提高修改方法中 P_q 子因子的数值。研究区内降雨补给被分为 5 个区间（<300mm/a，300~600mm/a，600~900mm/a，900~1200mm/a，>1200mm/a），降雨时间分布被分为 3 个区间（<10mm/d，10~20mm/d，>20mm/d）。把以上指标叠加后得到 P 因子指数值被分为 5 个区间（0.4~0.5，0.6，0.7，0.8，0.9~1）。

2.3.3 VUKA 径流条件（C 因子）

C 因子层仅在这些地区创建：①在一个石灰坑周边 2400m 半径区域内或在距一个伏流 100m 远范围内（场景 1 区域）；②表层为岩溶石特征的环境（场景 2 区域）。场景 1 区域中，几乎所有含水层都由石灰坑来补水，它被分配了三个子因子：至石灰坑的距离（d_h）、绿化坡（s_v）、及至伏流子因子数（d_s）的距离；场景 2 中的区域更可能采取弥漫补水，它被分配给了两个子因子：表层特征（s_f）和绿化坡（s_v）子因子。相关子因子由 C 因子数来表示，代表了该区域因存在岩溶而降低了叠加层对地下水保护的程度。d_h 子因子（仅场景 1 中的区域）取决于最近的石灰坑的距离和当前的入口条件，所以，d_s 子因子值（仅场景 1 中区域）根据到任何一个伏流最近的距离来分配。s_v 子因子（场景 1 和场景 2 区域）取决于一个地区的坡度梯度和当前的植被覆盖层，这些参数对与各场景中地下水保护程度的削弱都产生相反影响。s_f 子因子（仅场景 2 中的区域）取决于岩溶石的地貌特征及在这些物质上表层（如果有的话）的特征。这些变量确定了地表径流对渗透过程的相对重要性。

本文对石灰坑（d_h 子因子）周围的缓冲区间隔进行修改，以便随着到石灰坑距离的增加而增加宽度，这更好地表示了非线性的流动并减少了污染物随距离的增加而进入石灰坑的可能性。修改的缓冲区使距离石灰坑超过 2400m 以外的任何地区被排除在该石灰坑的排泄区范围外，这更适合于南非的非平原岩溶地区，而不是原来的缓冲系统，在原来的缓冲系统内，5000m 延伸范围的排泄处精确代表了欧洲的这种平原类型的岩溶地形。南非的岩溶系统更多呈丘陵地形，石灰坑周围存在较小的排泄区。在平原类型的岩溶地貌中，残余覆盖物呈厚毛毯状，几乎没有泉水、石灰坑、渗坑和凹陷，断崖类型的岩溶地貌呈多洞穴状，多属于在平原时期形成的系统，研究区呈断崖类型和平原类型的岩溶地貌，近期角砾岩的平原类型占据了西南的大部分地区。因此，在东北部可以找到这种悬崖类型的地貌，在那里这种地形十分常见，山谷分布呈树状网络状，地表地形大多出现物理侵蚀。此外，较高的 d_h 子因子数率选项被加到石灰坑上，在那里沉淀物发生积累，在一定程度上阻碍了水渗透穿越沉积物下面的岩溶通道。研究区场景 1 区域内至石灰坑的距离 d_h 被分为11 个区间（<50m，50～100m，100～200m，200～300m，300～450m，450～600m，600～900m，900～1200m，1200～1800m，1800～2400m，>2400m），绿化坡坡度 s_v 分为 4 个区间（<8%，8%～31%，31%～76%，>76%），至伏流的距离 d_s 分为 3 个区间（<10m，10～100m，>100m）；场景 2 区域内岩溶发育程度 s_f 分为发育的、低度发育的、裂隙碳酸盐和非岩溶发育，绿化坡坡度 s_v 分为 4 个区间（<8%，8%～31%，31%～76%，>76%）。把以上指标叠加后得到 C 因子指数值被分为 5 个区间（0～0.2，0.2～0.4，0.4～0.6，0.6～0.8，0.8～1.0）。

2.4　脆弱性评价结果

根据 2.1 中的公式应用改进后的 COP 方法（VUKA）得到的地下水脆弱性指数值为0～15，分为：极高脆弱性，0～0.5；高脆弱性，0.5～1；中等脆弱性，1～2；低脆弱性，2～4；极低脆弱性，4～15。研究区的地下水脆弱性明显受岩性及出现的石灰坑的影响，在岩溶地区可以看到更大的地下水脆弱性变化，因为额外考虑了 C 因子，以马尔马尼（Malmani）白云石为底层的中心地带，那里的脆弱性最低，地下水脆弱性指标范围为从非常高（接近石灰坑处）到中（距石灰坑一定距离处），叠加层提供的已经很有限的保护因此更被降低了，那里的 C 因子表示保护程度降低得很多。场景 2 区域的脆弱性程度通常为非常高到高，C 因子的影响几乎没有。P 因子，在整个岩溶地区为中度，对地下水脆弱性没有产生任何主要影响。研究结果精确反映了位于世界文化遗产人类摇篮所在地的内在岩溶含水层中地下水脆弱性的变化。

3　基于 WMCDSS 模型在尼罗河三角洲东北部第四系含水层的地下水脆弱性评价

3.1　研究区概况

研究区域位于尼罗河三角洲东北部，东部接壤于苏伊士运河沿岸，北部到地中海和曼宰莱湖（咸水湖），西部到杜姆亚特支流，南部到伊斯梅利亚淡水河，该区域的纬度范围为 $29°55'\sim31°30'$N，经度范围为 $31°3'\sim32°32'$E。尼罗河东北部的地势低洼，气候是夏天炎热、干燥、无雨，冬天潮湿，偶时有细雨，月平均气温冬天在 $12℃$，夏天在 $27℃$，平均年降雨量为 $20\sim100$mm。从地质上看，该研究区域主要为第四纪沉积物区，它们的厚度向朝北的方向增加，平均厚度约为 500m，由横向、厚度不定、不同比例的沙、黏土、碎石构成，这些沉淀物不均匀地沉积在第三纪老岩石上（萨鲁玛，1983），陈旧的三角洲沉积物（早更新世沉积物），由粗糙的石英砂和石英鹅卵石组成，代表了研究区域主要的地下水存储单元。第四纪主要载水单元的厚度范围在南部大约为 250m，在北部 El - Mataryia 井大约为 900m，距离研究区域中央部位 Mit - Ghamr 井大约为 500m（塞得，1981），岩性的变化很大程度上影响了沿海含水层内盐水和淡水的分布（考林和易斯勒，1999）。相应的，构成的两个断层显示了这种地下地质构造的第四系含水层，根据岩相种类的不同，它被分为三个区域：①顶部全新世黏土覆盖层，由黏土、尼罗河淤泥、和砂土构成，厚度范围在南部、中部为 $10\sim20$m，在那些区域它作为地下含水层的隔水层，而在北部地区，该厚度达到了 70m，在那里它作为一个隔水层；②该全新世覆盖层在晚更新世含水层的上面，包括河流河海中的细中沙、还有黏土砂夹层，其厚度大约为 35m，该层覆盖了含粗石英砂、石英鹅卵石、燧石鹅卵石的早更新世含水层；③尼罗河三角洲的第四系含水层是埃及主要的淡水供应资源，含水层中水的补给主要来自伊斯梅利亚运河及尼罗河杜姆亚特支流，它是埃及唯一一个可再生的含水层系统，埃及尼罗河三角洲在过去的几十年中经历了重要的城镇化发展，这导致对淡水的需求更为突出，因淡水需求量增加，人类肆意开采使该问题变得更为严重。

3.2　评价指标体系及权重划分（WMCDSS 模型）

根据研究区的实际情况，地下水脆弱性评价方法选取最有效的确定准则是加权覆盖 GIS 多准则决策支持系统（WMCDSS），它是一种地下水脆弱性评价工具，用来确定形成的盐水区和淡水区。为了实现该目的，建造了一个地质信息叠加层（GIS），包含了地下水脆弱性评价所有需要的决定性参数或准则，在该部分，使用 46 个生产井和监测井模拟的 GIS 数据库建造出了 MCDSS。6 个主题层的 WMCDSS 被数字化整合并被分配给不同的权重 W_f 和比率 R_f，这些准则包括总溶解固体 TDS、井排 Q、钠吸附比 SAR、水化学参数 Cl/HCO_3、水力传导系数和水化学类型。

3.2.1　总溶解固体 TDS

地下水 TDS 指标直接反映了水质咸化和海水侵蚀的分布，在尼罗河三角洲东北沿岸盆地上，地下淡水咸化影响水质的问题十分明显，在该区域，海水侵蚀现象已经存在了几十年，已经影响了灌溉和内陆水井（萨鲁玛，1983；坦塔威，1998）。历史 TDS 数据揭示了盐水舌 1983—1996 年的扩展延伸，它显示了咸化的发展趋势，并且咸水区在 1996 年被扩大了，它的形成是因为海岸线的加速后退、海平面上升及人类活动因素。2010 年从地下水井抽取样品的 TDS 数据被分级到非常高的咸化区，TDS 数据超过了 10000 ppm（北部代盖赫利耶省 Daqahlia），在卡约伯（Qalyoubia）和 Sharkia 东部省，ppm 值低于1500。TDS 地图揭示出的咸化趋势，体现了盐水侵蚀产生的影响，在中南地区最低，为淡水，而在北部地区，影响最大，为高盐度水，在接近 San El - Hagar - Manzalla 的地区，咸水及半咸水区位于上述两者之间。中北部地区的含水层受盐水侵蚀，在那里需要进行水处理，才能达到适合灌溉某些农作物的盐度水平。在 WMCDSS 系统中，总溶解性固体 TDS 被分为 5 个区间（$<$1500ppm，1501～5000ppm，5001～7000ppm，7001～10000ppm，$>$10000ppm），该层权重定为 30。

3.2.2　井排 Q

井排 Q 反映出盐水入侵到更远的南部，在北部，土壤因咸化降低了质量，那里的水源开采政策是适度开采（549～1027m^3/d）。咸化污染和测压水位下降之间存在着紧密联系，这是由于地下水的过度开采引起的（Polemio，2005）。受海水侵蚀影响，在北部地区地下水的测压水位低的现象非常普遍（0.5～2.5m）。但是，越往中部及南部，测压水位稳步增加，到达 10～10.5masl，这说明在这些南部地区，海水侵蚀现象消失了。相应的，应该采取一定的管理措施，通过控制井排，减轻全球海水水位上涨带来的影响。在 WMCDSS系统中，井排 Q 被分为 5 个区间（$<$548m^3/d，549～1027m^3/d，1028～1505m^3/d，1506～1983m^3/d，$>$1983 m^3/d），该层权重定为 15。

3.2.3　水化学参数 Cl/HCO$_3$

水化学参数 Cl/HCO$_3$ 是地下水源起源和盐水侵蚀的良好指标，海水造成的污染程度可以通过 Cl/（CO$_3$＋HCO$_3$）比率来分级，该比率被建议作为标志海水污染的正确指标，因为在海水中，该比率值将近为 190：1（Todd，1989）。此外，它的离子比率揭示了水源趋势会出现陆地化还是海洋化。从 7 号、8 号、10 号、29 号、30 号、39 号和 44 号井中抽取的特定水样证明了海水侵蚀影响，在三角洲中部甚至更南部纬度（例如从 4 号、38 号、45 号井抽取样品）中出现的高浓度 Cl/(CO$_3$＋HCO$_3$)，说明 TDS 的提高主要是因为农业耕种引起的，因为过度施肥也造成了盐分积累。

Cl/(CO$_3$＋HCO$_3$) 标准图表明，咸化问题正稳定地向北部扩展，这可以通过氯离子值的增加来体现。在研究区域北部，Cl/HCO$_3$ 的浓度值更高，该值越向北部越高，说明增加的海水侵蚀现象。TDS 是氯离子的完美代表，因此，Cl/HCO$_3$ 比率可以作为因海水侵蚀而造成咸化的良好指标。在 WMCDSS 系统中，水化学参数 Cl/HCO$_3$ 分为 5 个区间（$<$30.07，30.08～59.89，59.9～89.71，89.72～119.53，$>$119.53），该层权重定为 15。

3.2.4　水化学类型

水化学类型是地下水源的指标，且是水咸化或水质变化的探测指标，水类型准则被用来分隔受海水侵蚀影响的不同地区，它是确定淡水和盐水之间混合区最有效的工具。该准则图包含 9 种水化学类型，即：①Na - Ca - Mg - Cl - HCO$_3$；②Ca - Na - Mg - HCO$_3$ - Cl -

SO_4；③$Mg - Na - Ca - HCO_3 - Cl - SO_4$；④$Na - SO_4$；⑤$Mg - Ca - Na - Cl - SO_4$；⑥$Ca - Na - M - Cl - HCO_3$；⑦$Na - Ca - Mg - HCO_3 - Cl - SO_4$；⑧$Na - HCO_3 - Cl$ 或 $Na - Mg - Ca - HCO_3 - Cl$；⑨$Na - Cl$ 或 $Na - Ca - Cl$。在多数情况中，淡水/盐水接口将被半咸水的厚密区替代（$Na - HCO_3 - Cl$，$Na - Ca - Mg - HCO_3 - Cl - SO_4$，$Ca - Na - Mg - Cl - HCO_3$），半咸水区的范围远远低于直接与海水接触的全咸水区的范围（$Na - Cl$ 种类）。第二种水类型中氯离子和硫酸根离子是主要的离子，这些离子是海水中的主要离子构成。因此，主要的碳酸氢盐水 $Na - HCO_3 - Cl$ 和 $Ca - Na - Mg - Cl - HCO_3$ 类型构成了地下水横向的补充，而这些淡水的补充来自尼罗河达米埃塔支流和苏伊士淡水河道。受区域含水层补充的影响，地下水的 SO_4/Cl 含量（百万分之一）往往高于相应的海水。在中南部地区主要是淡水区（$Ca - Na - Mg - HCO_3 - Cl - SO_4$），这说明那里是陆地水源的首个发展阶段。含水层内陆部分可以发现存有少量的半咸水区（样品来自井号 22 和 45 的井，水类型为 $Na - HCO_3 - Cl$ 和 $Na - Cl$），这些半咸水区也因盐分扩散，或受其他咸化源（人为活动）而形成。指标分区图上仅仅有一个样品（井号 18）显示了水源来自内陆（$Na - SO_4$）的淡水区。在 WMCDSS 系统中，该层权重定为 10。

3.2.5 水力传导系数 K

水力传导系数 K 作为确定受海水侵蚀易受影响程度及含水层渗透能力的控制因素，对水力传导性各方向上的实际测量需要对大量测试井中采样的核心样品进行实验室试验，但是，目前没有可靠的现场试验手段。由于缺少这种直接的证据，长期使用了抽水试验，这种方法足够满足研究目的。K 值确定了在沿海地区半咸水将穿透含水层的程度（梅纳特和詹宁斯，1985）。水力传导系数的范围为 $10\sim76m/d$。根据插入值，可以得出结论，在研究区域从东向西 K 值逐渐增加，这是由于在达米埃塔支流附近及更远地方的尼罗河三角洲沉积物的沉积周期和土壤颗粒尺寸变化（岩相变化）决定的。此外，北部曼扎拉湖附近提高的 K 值加速了海水不同程度的侵蚀。在 WMCDSS 系统中，水力传导系数 K 被分为 5 个区间（$<19.35m/d$，$19.36\sim34.54m/d$，$34.55\sim50.73m/d$，$50.74\sim64.6m/d$，$>64.6m/d$），该层权重定为 15。

3.2.6 钠吸附比 SAR

SAR 是脆弱性地图上不同等级地下水可用性的指标，影响水渗透正常速度的两个最普遍的水质因素是盐度和水中钠对镁对钙离子的相对浓度，它也被称为 SAR（艾尔斯和威斯卡，1985）。当钠的浓度超过钙加镁的浓度和时，土壤呈盐性，过量的钠会导致土壤矿物颗粒分散，水的穿透性降低。灌溉用水的 SAR 通常是反映土壤中钠状态的良好指标。在研究区内，咸化开始发生在临近代盖赫利耶省（Daqahlia）的北部地区（迪基尔尼斯和"贝尼 - 艾贝德城"），向北临近到曼扎拉湖，在这些区域内，SAR 值超过了极限值 15（"国家环保局 1986" EPA，1986）。相反，低于 15 的 SAR 值在代盖赫利耶省的南部纬度上出现，说明这些研究区域为第四系含水层淡水区域。SAR 是一个盐分特征，因此，在干燥的夏季，SAR 值高于它在雨季的值，这是因为在夏季蒸发速度较快。在 WMCDSS 系统中，钠吸附比 SAR 被分为 5 个区间（<13.34，$13.35\sim26.08$，$26.09\sim38.82$，$38.83\sim51.56$，>51.56），该层权重定为 15。

3.3 脆弱性评价结果

WMCDSS 输出图包含了一些代表地下水脆弱性类别的等级（例如：高、中、低，等），每个准则被分配给一个特定的地下水脆弱影响权重，权重和等级的采用和优化是根据经验结果或作者的判断和以前的类似工作（量化方法）[即 Thirumalaivasan（蒂鲁玛莱·瓦萨）等，2003；Nobre（诺布雷）等，2007；Hammouri（哈穆里）和 El - Naqa（钠加）等，2008] 得出的提取准则。在此之前还要在运行模型前在 ArcGIS 平台内进行地质统计正规化和交叉验证（埃塞克和斯里瓦斯塔瓦，1989），交叉验证可以帮助进行通报决策，以便确定对哪种模型提供最佳预测，计算得到的统计数字可以诊断，是否模型和它相关的参数值是合理的。根据 MCDSS 分级层内各层之间的联系程度，对权重和比率进行修改。因此，该研究中的整体准则被给予下列权重：TDS（30%）、Q（15%）、SAR（15%）、Cl/HCO_3（15%）、K（15%）和水类型（10%）。除了推荐的权重外，在各准则当中可对每 5 个等级再进行分类。为实现该目的，将这些等级根据它们对脆弱性影响程度的大小，分为从 1（脆弱性非常高）到 5（脆弱性非常低）。考虑 100% 作为等级/分数的最大值，这 5 个等级的分数将被分别为：80%～100%、60%～80%、40%～60%、20%～40%、0～20%。因此，各级别的平均等级对应级别 1 到级别 5，分别为：90%、70%、50%、30% 和 10%。为了计算各准则受到准则权重 W_c 和准则等级/分数 R_c 的影响程度 E（输入数据层），将权重与分数相乘 $W_c \times R_c$。例如：如果 TDS 的准则权重等于 30%，它与平均等级/分数 90 相乘（对应等级 1），影响程度将为

$$E = W_c \times R_f = 0.3 \times 90 = 27$$

而对于 Q 准则，例如：等级 1 的影响程度将为 $0.15 \times 90 = 13.5$。在对数据进行处理后，可以完成各个准则的影响评估；它也为不同输入数据层之间提供了可比性分析。因此，TDS 准则中的等级 1（即 $E=27$）代表了地下水脆弱性最有效的准则，对应于水类型中影响最小的等级 5（即 $E=1$），或在水力传导性、Cl/HCO_3、SAR 或 Q 准则中的 1.5。为实现该目的，在 ArcGIS 9.3 空间分析模型建造器中搭建的算数 GIS 覆盖方案被该 WM-CDSS 准则应用。那种覆盖过程既接受连续的，也接受离散的网格层，得到的数据是连续的网格数据层。产生的地图含四个主要的地下水受海水侵蚀脆弱性等级，被描述为地下水脆弱性非常低到非常高。表示为：<10%（非常低）、10%～30%（低）、30%～50%（适中）和 >50%（高）。

研究区的地下水脆弱性地图表明了潜在的可供地下水源的位置（在对水消耗率进行一定控制的情况下），这些位置也几乎都在区域范围内。水质脆弱性非常低或低的区域面积达到了 4076.6km²（占研究区域总面积的 53.69%）；水质脆弱性高和中等的区域面积达到了 3515.2km²（占研究区域总面积的 46.31%），这些显示地下水质逐渐变坏的区域在使用水源前需要进行特别的水处理并选择农作物的种类，可以种植某些抗高盐度的农作物，适应技术也包括选择某些抗旱的农作物；其中中等地下水脆弱性等级区域所占面积达 2183.9 km²（占总地图面积的 28.77%），突出了需要进行保护并采取必要的地下水管理措施，特别是与消耗率有关的政策，以维持或改善它们的状况，采取管理措施是为了阻止地下水质变坏的趋势向更南部扩散。

参 考 文 献

[1]   Hinkle S R, Palmer P C, Gannett M W. Isotopic characterization of three groundwater recharge sources and inferences for selected aquifers in the upper Klamath Basin of Oregon and California [J]. Journal of Hydrology, 2007, 336 (1 - 2): 17 - 29.

[2]   Neukum C, Azzam R. Quantitative assessment of intrinsic groundwater vulnerability to contamination using numerical simulations [J]. Science of the Total Environment, 2009, 408 (2): 245 - 254.

[3]   Witkowski A J, Rubin K, Kowalczyk A, etc. Groundwater vulnerability map of the chrzanow karst - fissured triassic aquifer [J]. Environmental Geology, 2003, 44 (1): 59 - 67.

[4]   Brahim Ben Kabbour, Lahcen Zouhri, Jacky Mania, etc. Assessing groundwater contamination risk using the DASTI/IDRISI GIS method: coastal system of western Mamora, [J]. Bulletin of Engineering Geology and the Environment, 2006, 65 (4): 463 - 470.

[5]   COST620, Vulnerability and Risk MaPPing for the Protection of Carbonate (Karst) Aquifers, Finally Report (2003).

[6]   Duijvenbooden W, Van Waegengh H G. Vulner ability of soil and groundwater to pollutants [R]. Proceedings International Conference. Steasdrukkerij, Gravenhage, Netherlands, 1987.

[7]   Vrba J, Zaporozec A. Guidebook on Mapping Groundwater Vulnerability [M]. Heise Heinz GmbH, Company KG: 131.

[8]   National Research Council (U. S.). Groundwater vulnerability assessent predicting relative contamination potential under conditions of uncertainty [M]. Washington DC: National Academy Press, 1993.

[9]   Nobre R C M, Rutunno O C, Mansur W J, etc. Groundwater vulnerability and risk mapping, using GIS, Modeling and a fuzzy logic tool [J]. Journal of Contaminant Hydrology: 2007, 94 (3 - 4): 277 - 292.

[10]   Noel Osborne, Edward Eckenstein, Kevin Q Koon. Vulnerability Assessment of Twelve Major Aquifers in Oklahoma [R]. Oklahoma: Oklahoma Water Resources Board Technical Report 98 - 5, 1998.

[11]   Worrall F, Besien T. The vulnerability of groundwater to pesticide contamination estimated directly from observations of presence or absence in wells [J]. Journal of Hydrology, 2005, (303): 92 - 107.

[12]   Yosuke Kimura. Evaluating migration potential of contaminants through unsaturated subsurface in texas [D]. Texas: The University of at Austin, 1997.

[13]   卞建民, 李立军, 杨坡. 吉林省通榆县地下水脆弱性研究 [J]. 水资源保护, 2008 (3): 4 - 7.

[14]   卞玉梅, 赵英. 辽河下游平原地区地下水脆弱性评价 [J]. 国土资源, 2008 (增 1): 102 - 103.

[15]   陈浩, 王贵玲, 侯新伟, 等. 城市周边地下水系统脆弱性评价——以栾城县为例 [J]. 水文地质工程地质, 2006 (5).

[16]   陈守煜, 伏广涛, 周惠成, 等. 含水层脆弱性模糊分析评价模型与方法 [J]. 水利学报, 2002 (7): 23 - 30.

[17]   陈学群, 李福林, 陈璐, 等. 地下水脆弱评价方法浅析 [J]. 山东水利, 2007 (9).

[18]   戴元毅. 基于 AHP - DRASTIC 的地下水易污性评价方法探析 [J]. 中国科技信息, 2013 (7): 40 - 42.

[19]   邓昌州，姜吉生，等．哈尔滨市及周边地区地下水易污性评价 [J]．水文地质工程地质，2011，38（4）：135-139.

[20]   DD2008-01，地下水污染地质调查评价规范 [S]．2008.

[21]   范基姣，郭彦威，佟元清，等．地下水系统脆弱性评价中 MapGIS 软件的应用：以沧州地下水系统为例 [J]．地下水，2008（4）：29-31.

[22]   范琦，王贵玲，蔺文静，等．地下水脆弱性评价方法的探讨及实例 [J]．水利学报，2007（5）：601-606.

[23]   方樟，肖长来，等．松嫩平原地下水脆弱性模糊综合评价 [J]．吉林大学学报（地球科学版），2007，37（3）：546-550.

[24]   付强，刘建禹，王立昆，等．基于人工神经网络的井灌水稻区地下水位预测 [J]．东北农业大学学报，2002（2）：152-159.

[25]   付素蓉，王焰新，蔡鹤生，等．城市地下水污染敏感性分析 [J]．地球科学（中国地质大学学报）2000：1-6，482-487.

[26]   郭永海，沈照理，钟佐燊，等．河北平原地下水有机氯污染及其与防污性能的关系 [J]．水文地质工程地质，1996（2）：40.

[27]   胡万凤，唐仲华，姜月华．杭嘉湖地区浅层地下水防污性能评价方法及应用研究 [J]．湖南环境生物职业技术学院学报，2008（2）：1-5.

[28]   黄栋．北京市平原区地下水脆弱性研究 [D]．北京：首都师范大学，2009.

[29]   黄冠星，孙继朝，荆继红，等．珠江三角洲地区浅层地下水天然防污性能评价方法探讨 [J]．工程勘察，2008（11）：44-49.

[30]   姜桂华．关中盆地地下水脆弱性研究 [D]．陕西：长安大学，2002.

[31]   孔庆轩，刘彩虹，等．黑龙江省黑河市地下水脆弱性评价及地下水资源保护区划 [J]．地质与资源，2013，22（4）：279-283.

[32]   雷静，张思聪．唐山市地下水脆弱性评价研究 [J]．环境科学学报，2003（1）：94-99.

[33]   李宝兰，杨绍南，颜秉英．辽宁省中南部分城市地下水脆弱性评价 [J]．地下水，2009（2）：28-32.

[34]   李鹤，张平宇，程叶青．脆弱性的概念及其评价方法 [J]．地理科学进展，2008（2）：18-25.

[35]   李立军．吉林省通榆县地下水脆弱性研究 [D]．吉林：吉林大学，2007.

[36]   李梅，孟凡玲，李群，等．基于改进 BP 神经网络的地下水环境脆弱性评价 [J]．河海大学学报（自然科学版），2007（3）：245-250.

[37]   李万刚，康宏．乌鲁木齐河流域浅层地下水防污性能评价 [J]．干旱环境监测，2008（4）：199-202.

[38]   李文文，王开章，李晓．浅层地下水污染敏感性评价：以泰安市为例 [J]．安全与环境工程，2009（4）：18-22.

[39]   李艳华．基于层次分析法的地下水脆弱性评价指标权重的确定 [J]．山西水利，2006（6）：79-80.

[40]   路洪海．人类活动胁迫下岩溶含水层脆弱性分析 [J]．工程勘察，1997（4）：22-24.

[41]   林山杉，武建强，张勃夫．地下水环境脆弱程度图编图方法研究 [J]．水文地质工程地质，2000（3）：6-9.

[42]   刘其鑫，徐曦，赵龙贵．DRASTIC 方法对聊城市地下水脆弱性评价 [J]．科技信息，2010（35）：1210-1212.

[43]   刘仁涛．三江平原地下水脆弱性研究 [D]．哈尔滨：东北农业大学，2007.

[44]   刘仁涛，付强，等．三江平原地下水脆弱性评价的投影寻踪模型 [J]．东北农业大学学报，2008，39（2）：184-190.

[45] 刘淑芬, 郭永海. 区域地下水防污性能评价方法及其在河北平原的应用 [J]. 河北地质学院学报, 1996, 19 (1): 41-45.

[46] 刘卫林, 董增川, 陈南翔, 等. 基于多指标多级可拓评价的地下水环境脆弱性分析 [J]. 地质灾害与环境保护, 2007 (1): 83-88.

[47] 刘香, 王洁, 邵传青, 等. 城市地下水脆弱性评价方法及应用 [J]. 地下水, 2007 (5): 90-92.

[48] 马金珠, 高前兆. 干旱区地下水脆弱性特征及评价方法探讨 [J]. 干旱区地理, 2003 (1): 44-49.

[49] 马金珠. 塔里木盆地南缘地下水脆弱性评价 [J]. 中国沙漠, 2001, 21 (2): 170-174.

[50] 毛媛媛, 张雪刚. 几种地下水易污性评价方法在徐州张集地区的应用 [J]. 水利水电科技进展, 2006 (4): 46-49.

[51] 孟素花, 费宇红, 张兆吉, 等. 华北平原地下水脆弱性评价 [J]. 中国地质, 2011 (6): 1607-1613.

[52] 孟宪萌, 束龙仓, 卢耀如. 基于熵权的改进 DRASTIC 模型在地下水脆弱性评价中的应用 [J]. 水利学报, 2007 (1): 94-99.

[53] 彭稳, 裴建国. 岩溶含水层脆弱性评价方法探讨 [J]. 水资源保护, 2010 (6): 9-15.

[54] 任小荣. 银川平原地下水脆弱性评价 [D]. 西安: 长安大学, 2007.

[55] 阮俊, 肖兴平, 郑宝锋, 等. GIS 技术在地下水系统脆弱性编图示范中的应用 [J]. 地理空间信息, 2008 (4): 55-57.

[56] 石文学. 天津市宁河县地下水脆弱性评价体系研究 [J]. 地下水, 2009, 31 (3): 23-25, 57.

[57] 宋峰, 折书群, 刘新社. 滦河冲洪积扇地下水脆弱性评价体系研究 [J]. 环境科学与技术, 2005 (S1): 116-118.

[58] 孙爱荣, 周爱国, 梁合诚, 等. 南昌市地下水易污性评价指标体系探讨 [J]. 人民长江, 2007 (6): 10-12.

[59] 孙丰英, 徐卫东. DRASTIC 指标体系法在潴滏平原地下水脆弱性评价中的应用 [J]. 地下水, 2006 (6): 39-42.

[60] 孙丰英, 许光泉, 唐文锋. 灰色关联度法在地下水脆弱性评价与分区中的应用 [J]. 地下水, 2009 (4): 15-17.

[61] 孙艳伟, 魏晓妹, 毕文涛. 干旱区地下水脆弱性机理及评价指标体系的探讨 [J]. 灌溉排水学报, 2007 (2): 41-43, 47.

[62] 唐克旺, 唐蕴, 徐鹏云. 地下水脆弱性评价: 概念、方法与应用 [J]. 中国水利, 2013 (19): 57-61.

[63] 田铮, 刘亚莉, 肖华勇. 投影寻踪学习网络分类及其应用 [J]. 西北工业大学学报, 1999 (4): 572-577.

[64] 王存政, 于武军, 等. 基于 GIS 技术的湛江市区浅层地下水防污性能分析与评价 [J]. 环境工程, 2012, 30 (增刊): 582-585.

[65] 王国利, 周惠成, 杨庆. 基于 DRASTIC 的地下水易污染性多目标模糊模式识别模型 [J]. 水科学进展, 2000, 11 (2): 173-179.

[66] 王红旗, 陈美阳, 李仙波. 顺义区地下水水源地脆弱性评价 [J]. 环境工程学报, 2009 (4): 755-758.

[67] 王松, 章程, 裴建国. 岩溶地下水脆弱性评价研究 [J]. 地下水, 2008 (6): 14-18.

[68] 王万金, 陈登齐. 西南岩溶区典型地下河流域地下水脆弱性评价 [J]. 水资源保护, 2012 (4): 45-49.

[69] 王新敏, 尹小彤. 基于 DRECT 的地下水脆弱性评价 [J]. 湖南科技大学学报 (自然科学版),

2011 (2): 69 - 73.

[70] 王焰新，李义连，付素蓉，等. 武汉市区第四系含水层地下水有机污染敏感性研究 [J]. 地球科学 (中国地质大学学报)，2002 (5)：616 - 620.

[71] 王占辉，姜正义，徐素娟. 邢台山前倾斜平原区孔隙水脆弱性评价 [J]. 水资源保护，2012 (2)：50 - 53.

[72] 吴晓娟，孙根年，薛亮. 西安市地下水污染敏感性分析研究 [J]. 干旱区资源与环境，2007 (8)：31 - 36.

[73] 武强，戴国锋，吕华，等. 基于 ANN 与 GIS 耦合技术的地下水污染敏感性评价 [J]. 中国矿业大学学报，2006 (4)：9 - 14.

[74] 邢立亭，康凤新. 岩溶含水系统抗污染性能评价方法研究 [J]. 环境科学学报，2007 (3)：501 - 509.

[75] 肖丽英. 海河流域地下水系统脆弱性评价的探讨 [J]. 中国水利，2007 (15)：24 - 27.

[76] 徐明峰，李绪谦，金春花，等. 尖点突变模型在地下水特殊脆弱性评价中的应用 [J]. 水资源保护，2005 (5)：19 - 22.

[77] 许传音. 基于 GIS 的鸡西市地下水脆弱性评价 [D]. 长春：吉林大学，2009.

[78] 许传音，肖长来. 鸡西市地下水脆弱性评价 [J]. 吉林水利，2012，1：30 - 33.

[79] 郇环，王金生，滕彦国，等. 基于过程模拟的地下水脆弱性评价研究进展 [J]. 矿物岩石地球化学通报，2013 (1)：121 - 126.

[80] 郇环，王金生. 松花江松原段沿岸浅层地下水脆弱性评价 [J]. 地质科技情报，2011，30 (5)：97 - 102.

[81] 严明疆，申建梅，张光辉，等. 滹滏平原地下水资源脆弱性时变分析 [J]. 水土保持通报，2006 (5).

[82] 严明疆，申建梅，张光辉，等. 人类活动影响下的地下水脆弱性演变特征及其演变机理 [J]. 干旱区资源与环境，2009 (2)：1 - 5.

[83] 严明疆，徐卫东. 地下水脆弱性评价的必要性 [J]. 新疆地质，2005 (3)：268 - 270.

[84] 严明疆. 地下水系统脆弱性对人类活动响应研究——以华北滹滏平原为例 [D]. 北京：中国地质科学院，2006.

[85] 阎平凡，欧阳楷. 神经网络研究与模式识别 [J]. 国外医学 (生物医学工程分册)，2000 (1)：35 - 37.

[86] 杨桂芳，姚长宏. 我国西南岩溶区地下水敏感性评价模型研究 [J]. 自然杂质，2003 (2)：83 - 85.

[87] 杨木壮，吴涛，等. 基于模糊综合评判的广州地下水特殊脆弱性评价 [J]. 现代地质，2011 (4)：796 - 801.

[88] 杨桂芳，姚长宏. 我国西南岩溶区地下水敏感性评价模型研究 [J]. 自然杂志，2003 (2)：83 - 85.

[89] 杨庆，栾茂田，崇金著，等. DRASTIC 指标体系法在大连市地下水易污性评价中的应用 [J]. 大连理工大学学报，1999，35 (9)：684 - 688.

[90] 杨维，王虎，李宝兰，等. 应用 DRASTIC、AHP 对地下水脆弱性的评价比较 [J]. 沈阳建筑大学学报 (自然科学版)，2007 (3)：489 - 492.

[91] 杨旭东，孙建平，魏玉梅. 地下水系统脆弱性评价探讨 [J]. 安全与环境工程，2006 (1)：1 - 5.

[92] 姚文锋. 基于过程模拟的地下水脆弱性研究 [D]. 北京：清华大学，2007.

[93] 姚长宏. 贵州水城盆地岩溶水文系统敏感性动态评价 [D]. 北京：中国地质大学，2002.

[94] 于向前，李云峰，赵义平，等. 基于 DRASTIC 的地下水防污性能评价组合权重分配方法 [J]. 地球与环境，2012 (4)：568 - 572.

[95] 袁建飞，郭清海. 湖北省钟祥市汉江河谷平原区浅层孔隙水的脆弱性评价 [J]. 地质科技情报，2009，(4)：112 - 116.

[96] 张保祥，孟凡海，张欣，等. 基于 GIS 的黄水河流域地下水脆弱性评价研究 [J]. 工程勘察，2009 (8)：47 - 50.

［97］ 张保祥 . 黄水河流域地下水脆弱性评价与水源保护区划分研究 ［D］. 北京：中国地质大学，2006.

［98］ 张立杰，巩中友，孙香太 . 地下水环境脆弱性的模糊综合评判 ［J］. 哈尔滨师范大学自然科学学报，2001（2）：109－112.

［99］ 张强 . 岩溶区地下水脆弱性风险性评价——以重庆市青木关岩溶槽谷为例 ［D］. 重庆：西南大学，2007.

［100］ 张强，林玉石 . 青木关岩溶槽谷地下水含水层固有脆弱性评价 ［J］. 地球与环境，2011（4）：523－530.

［101］ 张泰丽 . 浙江省丽水市地下水脆弱性研究 ［D］. 北京：中国地质科学院，2006.

［102］ 张少坤，付强，张少东，等 . 基于GIS与熵权的DRASCLP模型在地下水脆弱性评价中的应用 ［J］. 水土保持研究，2008（4）.

［103］ 张树军，张丽君，王学凤，等 . 基于综合方法的地下水污染脆弱性评价——以山东济宁市浅层地下水为例 ［J］. 地质学报：2009（1）：131－137.

［104］ 张泰丽 . 浙江省丽水市地下水脆弱性研究 ［D］. 北京：中国地质科学院，2006.

［105］ 张小凌，李峰，刘红战 . 云南曲靖盆地地下水脆弱性模糊评价 ［J］. 水资源与水工程学报，2013（2）：57－61.

［106］ 张雪刚，毛媛媛，李致家，等 . 张集地区地下水易污性及污染风险评价 ［J］. 水文地质工程地质，2009（1）：51.

［107］ 章程，蒋勇军，等 . 岩溶地下水脆弱性评价"二元法"及其在重庆金佛山的应用 ［J］. 中国岩溶，2007（4）：334－340.

［108］ 章程 . 贵州普定后寨地下河流域地下水脆弱性评价与土地利用空间变化的关系 ［D］. 北京：中国地质科学院，2003.

［109］ 赵玉国 . 基于GIS的岩溶地区地下水脆弱性评价 ［D］. 重庆：西南大学，2011.

［110］ 郑西来，吴新利，荆静 . 西安市潜水污染的潜在性分析与评价 ［J］. 工程勘察，1997（4）：22－24.

［111］ GWI—D3 地下水脆弱性评价技术要求 ［S］.

［112］ 钟佐燊 . 地下水防污性能评价方法探讨 ［J］. 地学前缘，2005，12（SUPPL）：3－11.

［113］ 周金龙，刘丰，李国敏，等 . 基于DRAV模型的塔里木盆地地下水脆弱性评价 ［J］. 人民黄河，2009（12）：53－55.

［114］ 周金龙 . 内陆干旱区地下水脆弱性评价方法及其应用研究 ［M］. 郑州：黄河水利出版社，2010，5.

［115］ 朱兴贤，王彩会，等 . 基于GIS的苏锡常地区浅层地下水系统防污性能评价 ［J］. 江苏地质，2006，30（1）：41－45.

［116］ 朱雪芹，徐秀娟，将丽艳，等 . 哈尔滨市地下水的易污性评价及计算机编图 ［J］. 世界地质，2001，20（4）：54－58.

［117］ 邹胜章，张文慧，梁斌，等 . 西南岩溶区表层岩溶带水脆弱性评价指标体系的探讨 ［J］. 地学前缘，2005（s1）：152－158.

［118］ 邹胜章，梁彬，等 . EPIK法在表层岩溶带水脆弱性评价中的应用——以洛塔为例 ［J］. 中国岩溶地下水与石漠化研究，2003，12：155－164.

［119］ 朱彰雄 . 重庆黔江地下水脆弱性评价及编图 ［D］. 重庆：西南大学，2007.

［120］ 左海凤，魏加华，王光谦 . DRASTIC地下水防污性能评价因子赋权 ［J］. 水资源保护，2008（2）：22－25，33.